もくじ 数・量・図形3年

ページ

1	かけ算のきまり	3・4
2	10000 より大きい数	5・6
3	1 億までの数	7・8
4	大きい数の大小	9・10
5	10倍、100倍、1000 倍した数 10 でわった数	11・12
6	時間の計算 ①	13・14
7	時間の計算 ②	15・16
8	短い時間の表し方	17・18
9	長さのたんい	19・20
10	長さの計算	21・22
11	重さのたんい	23・24
12	重さの計算	25・26
13	小数のしくみ	27・28
14	小数の大きさ	29・30
15	小数の大小	31・32
16	小数のまとめ	33・34
17	分数のしくみ	35・36
18	分数の大きさ	37・38
19	分数の大小	39・40
20	分数のまとめ	41・42
21	小数と分数	43・44
22	整理のしかた	45・46
23	くふうした表	47・48
24	ぼうグラフのよみ方 ぼうグラフのかき方	49・50
25	円	51・52
26	球	53・54
27	三角形と角	55・56
28	二等辺三角形と正三角形 ①	57・58
29	二等辺三角形と正三角形 ②	59・60
30 ～ 33	力だめし ①～④	61～64
答え		65～72

たんい・図形のまとめ

長さ

| 1mm
（1ミリメートル） | 10倍 → | 1cm
（1センチメートル）
1cm=10mm | 100倍 → | 1m
（1メートル）
1m=100cm
1m=1000mm | 1000倍 → | 1km
（1キロメートル）
1km=1000m |

かさ

| 1mL
（1ミリリットル） | 100倍 → | 1dL
（1デシリットル）
1dL=100mL | 10倍 → | 1L
（1リットル）
1L=10dL
1L=1000mL | 1000倍 → | 1kL
（1キロリットル）
1kL=1000L |

重さ

| 1mg
（1ミリグラム） | 1000倍 → | 1g
（1グラム）
1g=1000mg | 1000倍 → | 1kg
（1キログラム）
1kg=1000g | 1000倍 → | 1t
（1トン）
1t=1000kg |

時間

| 1秒
（1びょう） | 60倍 → | 1分
（1ぷん）
1分=60秒 | 60倍 → | 1時間
（1じかん）
1時間=60分 | 24倍 → | 1日
（1にち）
1日=24時間 |

図形 （円・球・角・二等辺三角形・正三角形）

半径　はんけい
中心
直径　ちょっけい
円

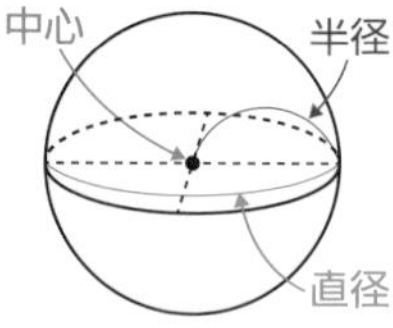

中心　半径　直径
球

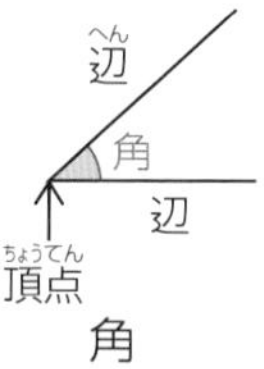

辺　角　辺　頂点　ちょうてん
角

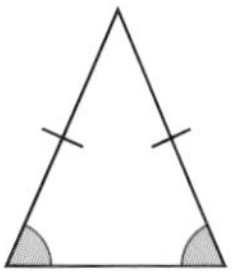

二等辺三角形

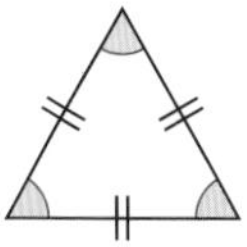

正三角形

きほん 1

1 かけ算
かけ算のきまり

／100点

1 □にあてはまる数を書きましょう。　1つ10〔40点〕

❶ 6×4 の答えは、6×3 の答えより □ だけ大きくなります。

❷ 8×7 の答えは、8×8 の答えより □ だけ小さくなります。

❸ 7×3 のかける数が I ふえると、答えは □ だけ大きくなります。

❹ 4×5 のかける数が I へると、答えは □ だけ小さくなります。

2 □にあてはまる数を書きましょう。　1つ10〔60点〕

❶ 5×9= □ ×5

❷ 3×4=4× □

❸ 4×6=4×5+ □

❹ 6×7=6×8− □

❺ 7×8=7× □ −7

❻ 8×5=8× □ +8

答えは
65ページ

1 かけ算
かけ算のきまり

／100点

1 □にあてはまることばを書きましょう。　1つ10〔20点〕

❶　かける数が１ふえると、答えは [＿＿＿＿＿＿＿] だけ大きくなります。

❷　かけられる数とかける数を入れかえて計算しても、答えは [＿＿＿＿] になります。

2 □にあてはまる数を書きましょう。　1つ10〔80点〕

❶　$6 \times 3 = \boxed{} \times 6$

❷　$9 \times 7 = 7 \times \boxed{}$

❸　$9 \times 4 = 9 \times 3 + \boxed{}$

❹　$3 \times 2 = 3 \times 3 - \boxed{}$

❺　$5 \times 8 = 5 \times \boxed{} + 5$

❻　$4 \times 4 = 4 \times \boxed{} - 4$

❼　$5 \times 4 = \boxed{} \times 3 + 5$

❽　$7 \times 5 = \boxed{} \times 6 - 7$

答えは
65ページ

2 大きい数のしくみ
10000 より大きい数

／100点

1 86314 について答えましょう。　　1つ10〔20点〕

❶ 6は何の位の数字ですか。　　（　　　　　　　）

❷ 8は何の位の数字ですか。　　（　　　　　　　）

2 25463 について、次の位の数字を書きましょう。

1つ10〔20点〕

❶ 千の位　　（　　　　　）　❷ 一万の位　（　　　　　）

3 次の数を数字で書きましょう。　　1つ10〔40点〕

❶ 三万七千五百八十二　　❷ 九万四千六百

（　　　　　　　）（　　　　　　　）

❸ 五万三千七十　　❹ 二万百五

（　　　　　　　）（　　　　　　　）

4 次の数を漢字で書きましょう。　　1つ10〔20点〕

❶ 69700　　　❷ 90253

（　　　　　　　）（　　　　　　　）

2 大きい数のしくみ
10000 より大きい数

月　日

／100点

1 3875400 について答えましょう。　　　　1つ10〔30点〕

❶　7 は何の位の数字ですか。　　　　　（　　　　　　　）

❷　8 は何の位の数字ですか。　　　　　（　　　　　　　）

❸　3 は何の位の数字ですか。　　　　　（　　　　　　　）

2 15782000 について、次の位の数字を書きましょう。

1つ10〔20点〕

❶　十万の位　（　　　　　　　）　❷　千万の位　（　　　　　　　）

3 次の数を漢字で書きましょう。　　　　1つ10〔20点〕

❶　17430000　（　　　　　　　　　　　　　　　）

❷　60250800　（　　　　　　　　　　　　　　　）

4 次の数を数字で書きましょう。　　　　1つ10〔30点〕

❶　六百五十三万七千四百九十　　（　　　　　　　　　）

❷　五千四十七万六百　　❸　七千九百二万四百八

　　（　　　　　　　　　）　　（　　　　　　　　　）

答えは
65ページ

2 大きい数のしくみ
1億までの数

／100点

1 次の数を数字で書きましょう。　　　　　1つ12〔72点〕

① 一万を3こ、千を9こ、百を4こ、
十を7こ、一を2こあわせた数　　（　　　　　　　）

② 一万を8こ、千を1こ、十を4
こ、一を6こあわせた数　　　　　（　　　　　　　）

③ 一万を1こ、百を7こ、十を8
こ、一を5こあわせた数　　　　　（　　　　　　　）

④ 一万を5こと3820をあわせ
た数　　　　　　　　　　　　　　（　　　　　　　）

⑤ 百万を3こ、一万を4こ、千
を5こ、百を2こあわせた数　　（　　　　　　　）

⑥ 千万を4こ、一万を5こ
あわせた数　　　　　　　　　　（　　　　　　　）

2 □にあてはまる数を書きましょう。　　　1つ14〔28点〕

① 395000 は、十万を □ こ、一万を □ こ、
千を □ こあわせた数

② 80400600 は、千万を □ こ、十万を □ こ、
百を □ こあわせた数

2 大きい数のしくみ
1億までの数

／100点

1 次の数を数字で書きましょう。　1つ10〔60点〕

❶　一万を 7 こ、千を 4 こあわせ
た数　（　　　　　　　）

❷　一万を 8 こ、百を 9 こ、十を
5 こあわせた数　（　　　　　　　）

❸　十万を 5 こ、一万を 3 こ、
十を 5 こあわせた数　（　　　　　　　）

❹　百万を 6 こ、十万を 8 こ
あわせた数　（　　　　　　　）

❺　一万を 27 こ集めた数　（　　　　　　　）

❻　1000 を 160 こ集めた数　（　　　　　　　）

2 □にあてはまる数を書きましょう。　1つ10〔40点〕

❶　800000 は、100000 を □ こ集めた数

❷　360000 は、10000 を □ こ集めた数

❸　250 万は、一万を □ こ集めた数

❹　1 億は、千万を □ こ集めた数

答えは
65ページ

2 大きい数のしくみ
大きい数の大小

／100点

1 ㋐〜㋔のめもりが表す数を書きましょう。　1つ10〔50点〕

580000　590000　　　　㋐　　　610000　　　㋑

㋒

2000000　↓ 3000000　　4000000　　　　㋓　　　㋔

㋐（　　　　　　　　　）　㋑（　　　　　　　　　）

㋒（　　　　　　　　　）　㋓（　　　　　　　　　）

㋔（　　　　　　　　　）

2 □にあてはまる不等号を書きましょう。　1つ8〔40点〕

❶ 64200 □ 63900　　❷ 87500 □ 87600

❸ 104998 □ 95864　　❹ 439万 □ 452万

❺ 26007300 □ 26010400

3 次の数を、大きいじゅんに書きましょう。　〔10点〕

8690000、12004500、8700000

（　　　　　　　　　　　　　　　　　　　）

2 大きい数のしくみ
大きい数の大小

／100点

1 次の数を書きましょう。　　　　　1つ10〔40点〕

❶　1000000 より 1 大きい
　　数　　　　　　　（　　　　　　　　　）

❷　100000 より 1 小さい数（　　　　　　　　　）

❸　1001000 より 1 小さ
　　い数　　　　　　　（　　　　　　　　　）

❹　100000000 より 1 小さ
　　い数　　　　　　　（　　　　　　　　　）

2 大きいほうに○をつけましょう。　　1つ10〔40点〕

❶　{（　　）30000＋2000
　　{（　　）40000

❷　{（　　）100000 より 1 小さい数
　　{（　　）99990

❸　{（　　）97645320
　　{（　　）97654320

❹　{（　　）十万を 8 こ、百を 7 こ、一を 5 こあわせた数
　　{（　　）十万を 8 こ、十を 9 こ、一を 7 こあわせた数

3 次の数を、小さいじゅんに書きましょう。　　〔20点〕

5093600、50936000、50369000

（　　　　　　　　　　　　　　　　　　　）

答えは
65ページ

2 大きい数のしくみ
10倍、100倍、1000倍した数
10でわった数

／100点

1 □にあてはまる数を書きましょう。　　　1つ10〔60点〕

❶ 32を10倍すると、□になります。この数を
さらに10倍すると、□になります。

❷ 480を10倍すると、□になります。この
数をさらに10倍すると、□になります。

❸ 83を100倍すると、□になります。

❹ 550を1000倍すると、□になります。

2 □にあてはまる数を書きましょう。　　　1つ10〔40点〕

❶ 7000を10でわると、□になります。この
数をさらに10でわると、□になります。

❷ 10万を10でわると、□になります。こ
の数をさらに10でわると、□になります。

2 大きい数のしくみ
10倍、100倍、1000倍した数
10でわった数

かくにん **5**

／100点

1 次の数を 10倍した数を書きましょう。　　1つ5〔20点〕

① 30　（　　　　　）　② 682　（　　　　　）

③ 1250　（　　　　　）　④ 2300　（　　　　　）

2 次の数を 100倍した数を書きましょう。　　1つ5〔20点〕

① 87　（　　　　　）　② 520　（　　　　　）

③ 3900　（　　　　　）　④ 2485　（　　　　　）

3 次の数を 1000倍した数を書きましょう。　　1つ5〔20点〕

① 54　（　　　　　）　② 476　（　　　　　）

③ 601　（　　　　　）　④ 1500　（　　　　　）

4 次の数を 10でわった数を書きましょう。　　1つ5〔40点〕

① 40　（　　　　　）　② 500　（　　　　　）

③ 650　（　　　　　）　④ 1200　（　　　　　）

⑤ 4000　（　　　　　）　⑥ 10000　（　　　　　）

⑦ 7500　（　　　　　）　⑧ 9060　（　　　　　）

答えは 66ページ

3 時こくと時間
時間の計算 ①

月　日

/100点

1▶ 下の時計は、たかしさんが公園に着いた時こくと出た時こくを表しています。時計の時こくを書きましょう。また、公園にいた時間は何分ですか。

1つ12〔36点〕

公園にいた時間

(　　　　　　) ➡ (　　　　　　) (　　　　　　)

2▶ 次の時こくを書きましょう。

1つ16〔64点〕

① 7時30分から40分後の時こく (　　　　　　)

7時　　　8時　　　9時

② 10時25分から55分後の時こく (　　　　　　)

10時　　　11時　　　12時

③ 3時30分より40分前の時こく (　　　　　　)

2時　　　3時　　　4時

④ 9時25分より45分前の時こく (　　　　　　)

8時　　　9時　　　10時

3 時こくと時間
時間の計算 ①

／100点

1 次の❶〜❹で、左の時計の時こくから右の時計の時こく
までの時間を書きましょう。

1つ13〔52点〕

❶　午前　　　　　　午後　　❷　午前　　　　　　午後

(　　　　　　　　)　　　　　(　　　　　　　　)

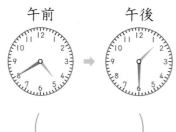

❸　午前　　　　　　午後　　❹　午前　　　　　　午後

(　　　　　　　　)　　　　　(　　　　　　　　)

2 次の時こくを書きましょう。

1つ12〔48点〕

❶　8時40分から45分後の時こく　(　　　　　　　　)

❷　6時20分より35分前の時こく　(　　　　　　　　)

❸　5時35分から50分後の時こく　(　　　　　　　　)

❹　11時15分より30分前の時こく　(　　　　　　　　)

答えは
66ページ

3 時こくと時間
時間の計算 ②

／100点

1 次の時間は何時間何分ですか。　　　　　　1つ14〔70点〕

❶ 30分と40分をあわせた時間 （　　　　　）

❷ 70分と35分をあわせた時間 （　　　　　）

❸ 1時間10分と2時間20分
をあわせた時間 （　　　　　）

❹ 2時間30分と50分をあわせ
た時間 （　　　　　）

❺ 15分と25分と40分をあわ
せた時間 （　　　　　）

2 次の時こくから6時間後、10時間20分後の時こくを
書きましょう。　　　　　　　　　　　　1つ15〔30点〕

午前

6時間後

（　　　　　）

10時間20分後

（　　　　　）

かくにん **7**

3　時こくと時間
時間の計算 ②

／100点

1 次の時間は何時間何分ですか。　　　　　1つ14〔70点〕

① 45分と80分をあわせた時間　　（　　　　　）

② 15分と55分をあわせた時間　　（　　　　　）

③ 3時間25分と1時間15分を
あわせた時間　　　　　　　　　（　　　　　）

④ 35分と2時間40分をあわせ
た時間　　　　　　　　　　　　（　　　　　）

⑤ 30分と45分と40分をあわ
せた時間　　　　　　　　　　　（　　　　　）

2 次の時こくから4時間前、7時間30分前の時こくを
書きましょう。　　　　　　　　　　　　　1つ15〔30点〕

午後

4時間前

（　　　　　）

7時間30分前

（　　　　　）

答えは
66ページ

3 時こくと時間
短い時間の表し方

／100点

1▶（　）にあてはまる時間のたんいを書きましょう。1つ5〔20点〕

① 学校にいる時間　　　　　　　　　7（　　　　　）

② 夕食を食べている時間　　　　　30（　　　　　）

③ 100mを走るのにかかる時間　　15（　　　　　）

④ 1日にねる時間　　　　　　　　　8（　　　　　）

2▶□にあてはまる数を書きましょう。　　　1つ10〔50点〕

① 4分＝□びょう秒　　　② 180秒＝□分

③ 1分20秒＝□秒　　　④ 2分30秒＝□秒

⑤ 90秒＝□分□秒

3▶次の時こくから30秒後の時こくを書きましょう。

1つ10〔30点〕

① 4時32分10秒　　　　（　　　　　　　　　）

② 8時32分45秒　　　　（　　　　　　　　　）

③ 2時32分58秒　　　　（　　　　　　　　　）

3 時こくと時間
短い時間の表し方

/100点

1 □にあてはまる数を書きましょう。　　1つ10〔70点〕

① 3分＝ [　　　] 秒

② 120秒＝ [　　　] 分

③ 1分40秒＝ [　　　] 秒

④ 2分55秒＝ [　　　] 秒

⑤ 85秒＝ [　　] 分 [　　] 秒

⑥ 140秒＝ [　　] 分 [　　] 秒

⑦ 165秒＝ [　　] 分 [　　] 秒

2 次の時間を書きましょう。　　1つ10〔30点〕

① 午前10時20分10秒から
午前10時20分35秒まで　　（　　　　　　　）

② 午後3時20分5秒から
午後3時22分40秒まで　　（　　　　　　　）

③ 午前7時20分15秒から
午前7時38分5秒まで　　（　　　　　　　）

答えは
66ページ

きほん 9

4 長さ
長さのたんい

1 □にあてはまる数を書きましょう。　1つ10〔40点〕

❶ 3cm = □ mm

❷ 2m = □ cm

❸ 4cm5mm = □ mm

❹ 1m40cm = □ cm

2 右の図を見て答えましょう。　1つ10〔20点〕

駅　　えみの家　　学校

500m　　600m

❶ 駅から学校までの道のりは何mですか。　（　　　　）

❷ 駅から学校までの道のりは何km何mですか。　（　　　　）

3 □にあてはまる数を書きましょう。　1つ10〔40点〕

❶ 3000m は □ km です。

❷ 5km は □ m です。

❸ 4km30m は □ m です。

❹ 2020m は □ km □ m です。

月　日

10分

4 長さ
長さのたんい

／100点

1 右の図を見て答えましょう。 1つ14〔28点〕

はなこの家　　　　みどりの家　けんたの家
←―1km700m―→　←900m→

❶ はなこさんの家からけんたさんの家までの道のりは何km何mですか。

（　　　　　　　）

❷ みどりさんの家から2人の家までの道のりをくらべると、どちらがどれだけ長いですか。

（　　　　、　　　　）

2 □にあてはまる数を書きましょう。 1つ8〔72点〕

❶ 2km＝ □ m　　　❷ 10000m＝ □ km

❸ 4200m＝ □ km □ m

❹ 1km800m＝ □ m

❺ 7050m＝ □ km □ m

❻ 5km350m＝ □ m

❼ 6km40m＝ □ m

❽ 8507m＝ □ km □ m

❾ 3005m＝ □ km □ m

答えは
67ページ

月 日

10分

4 長さ
長さの計算

／100点

1 □にあてはまる数を書きましょう。　1つ8〔40点〕

❶ 200m＋300m＝ [　　] m

❷ 700m－400m＝ [　　] m

❸ 1km200m＋600m＝ [　　] km [　　] m

❹ 1km900m－500m＝ [　　] km [　　] m

❺ 1km300m＋1km400m＝ [　　] km [　　] m

2 □にあてはまる数を書きましょう。　1つ10〔60点〕

❶ 900m＋400m＝ [　　] km [　　] m

❷ 1km－700m＝ [　　] m

❸ 1km200m＋800m＝ [　　] km

❹ 3km－500m＝ [　　] km [　　] m

❺ 1km600m＋900m＝ [　　] km [　　] m

❻ 1km300m－600m＝ [　　] m

月　　日

4 長さ
長さの計算

／100点

1 □にあてはまる数を書きましょう。　　　　　1つ8〔40点〕

❶ 500m＋400m＝ □ m

❷ 800m－300m＝ □ m

❸ 1km400m＋100m＝ □ km □ m

❹ 1km700m－200m＝ □ km □ m

❺ 2km500m＋1km100m＝ □ km □ m

2 □にあてはまる数を書きましょう。　　　　　1つ10〔60点〕

❶ 700m＋800m＝ □ km □ m

❷ 2km－600m＝ □ km □ m

❸ 2km300m＋700m＝ □ km

❹ 4km－2km200m＝ □ km □ m

❺ 1km400m－900m＝ □ m

❻ 2km500m－800m＝ □ km □ m

答えは
67ページ

5 重さ
重さのたんい

／100点

1 □にあてはまる数を書きましょう　　　　　1つ10〔40点〕

❶　1kgは [　　　　] g です。

❷　3kg30g は [　　　　] g です。

❸　4005g は [　　] kg [　　] g です。

❹　1円玉1この<ruby>重<rt>おも</rt></ruby>さは1g です。1円玉30 この重さ
　は [　　　　] g です。

2 ❶〜❻のはかりのはりがさす重さを答えましょう。

1つ10〔60点〕

❶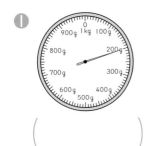

❷

❸

（　　　　　）　（　　　　　）　（　　　　　）

❹

❺

❻

（　　　　　）　（　　　　　）　（　　　　　）

答えは
67ページ

5 重さ
重さのたんい

／100点

1 □にあてはまる数を書きましょう。　　1つ10〔40点〕

❶　1 t は □ kg です。

❷　1030 kg は □ t □ kg です。

❸　2805 g は □ kg □ g です。

❹　3008 g は □ kg □ g です。

2 ❶〜❻のはかりのはりがさす重さを答えましょう。

1つ10〔60点〕

❶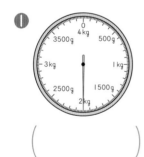

❷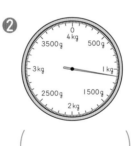

❸

（　　　　　　）　　（　　　　　　）　　（　　　　　　）

❹

❺

❻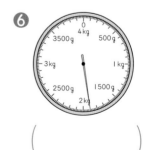

（　　　　　　）　　（　　　　　　）　　（　　　　　　）

答えは
67ページ

5 重さ
重さの計算

10分

／100点

1 □にあてはまる数を書きましょう。 1つ10〔60点〕

❶ 2kg＝ □ g

❷ 3000g＝ □ kg

❸ 1kg500g＝ □ g

❹ 4kg50g＝ □ g

❺ 5600g＝ □ kg □ g

❻ 8470g＝ □ kg □ g

2 □にあてはまる数を書きましょう。 1つ10〔40点〕

❶ 700g と 300g をあわせた重さは □ kg です。

❷ 1kg より 200g 軽い重さは □ g です。

❸ 1kg600g と 800g をあわせた重さは
□ kg □ g です。

❹ 70g のノート 3 さつの重さは □ g です。

答えは 67ページ

5 重さ
重さの計算

月　日

10分

／100点

1 □にあてはまる数を書きましょう。　1つ10〔40点〕

❶ 8kg = [　　　] g

❷ 7000g = [　　] kg

❸ 2kg380g = [　　　] g

❹ 2060g = [　　] kg [　　　] g

2 □にあてはまる数を書きましょう。　1つ10〔60点〕

❶ 500g + 200g = [　　　] g

❷ 900g + 600g = [　　] kg [　　　] g

❸ 1kg400g + 800g = [　　] kg [　　　] g

❹ 700g − 300g = [　　　] g

❺ 1kg200g − 300g = [　　　] g

❻ 2kg800g − 500g = [　　] kg [　　　] g

答えは
67ページ

6 小数
小数のしくみ

／100点

1▶ 次の色をぬった部分のかさは何Lですか。小数で答えましょう。

1つ15〔30点〕

❶ 　　　　　　　　　　❷

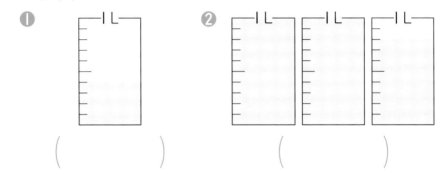

（　　　　　　　）　　　（　　　　　　　）

2▶ □にあてはまることばを書きましょう。

1つ15〔30点〕

❶　2.7のような小数で、「.」のことを [　　　　] といいます。

❷　3や18のような数のことを [　　　　] といいます。

3▶ 下の図の㋐〜㋓のめもりが表す長さはそれぞれ何mですか。小数で答えましょう。

1つ10〔40点〕

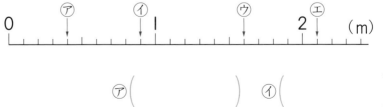

㋐（　　　　　　　）　　㋑（　　　　　　　）

㋒（　　　　　　　）　　㋓（　　　　　　　）

答えは
67ページ

6 小数
小数のしくみ

／100点

1 □にあてはまる小数を書きましょう。 1つ11〔44点〕

❶ 1dL= □ L

❷ 3dL= □ L

❸ 10cm= □ m

❹ 2mm= □ cm

2 次の色をぬった部分のかさは何Lですか。小数で答えましょう。 1つ8〔24点〕

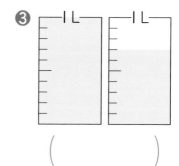

❶ (　　　　　) ❷ (　　　　　) ❸ (　　　　　)

3 下の図で、ものさしの左はしから⑦〜⑤までの長さは、それぞれ何cmですか。小数で答えましょう。 1つ8〔32点〕

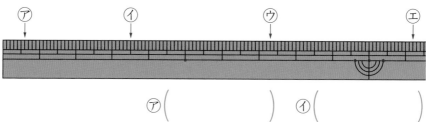

⑦ (　　　　　) ④ (　　　　　)

⑦ (　　　　　) ⑤ (　　　　　)

答えは
68ページ

6 小数
小数の大きさ

／100点

1 □にあてはまる数を書きましょう。 1つ10〔50点〕

❶ 0.1 を 8 こ集めた数は、□ です。

❷ 0.1 を 18 こ集めた数は、□ です。

❸ 1 が 8 ことと 0.1 を 3 こあわせた数は、□ です。

❹ 0.1 を 10 こ集めた数は、□ です。

❺ 4.3 の小数第一位の数字は、□ です。

2 次の数を、小数と整数に分けましょう。 1つ15〔30点〕

0.2、2、0.9、0.7、1.5、9、1.8、3.2、3

小数 （　　　　　　　　　　　　　　　　）

整数 （　　　　　　　　　　　　　　　　）

3 □にあてはまる数を書きましょう。 1つ10〔20点〕

❶ 0.3 と 0.5 をあわせると、0.1 を □ こ集めた数になります。

❷ 0.8 から 0.5 をひくと、0.1 を □ こ集めた数になります。

6 小数
小数の大きさ

／100点

1 □にあてはまる数を書きましょう。　　1つ10〔80点〕

❶ 7と0.2 をあわせた数は、□ です。

❷ 3.5 の小数第一位の数字は、□ です。

❸ 0.6 は、0.1 を□こ集めた数です。

❹ 1は、0.1 を□こ集めた数です。

❺ 2.4 は、0.1 を□こ集めた数です。

❻ 0.1 を13こ集めた数は、□ です。

❼ 0.1 を28こ集めた数は、□ です。

❽ 0.1 を30こ集めた数は、□ です。

2 □にあてはまる数を書きましょう。　　1つ10〔20点〕

❶ 0.8と0.5 をあわせると、0.1 を□こ集めた数になります。

❷ 1から0.8 をひくと、0.1 を□こ集めた数になります。

答えは
68ページ

6 小数
小数の大小

／100点

1 下の図で、ものさしの左はしから㋐〜㋒までの長さはそれぞれ何cmですか。小数で答えましょう。 1つ6〔18点〕

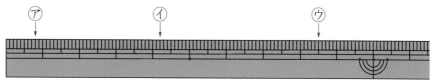

㋐(　　　　　　) ㋑(　　　　　　) ㋒(　　　　　　)

2 □にあてはまる数を書きましょう。 1つ5〔40点〕

❶ 1.7 ─ 1.8 ─ □ ─ 2 ─ □

❷ 3 ─ 3.5 ─ □ ─ □ ─ 5 ─ □

❸ 2.6 ─ 2.8 ─ □ ─ □ ─ 3.4 ─ □

3 □にあてはまる不等号を書きましょう。 1つ7〔42点〕

❶ 1 □ 0.7

❷ 2.9 □ 3.1

❸ 4.4 □ 4.2

❹ 3.7 □ 4

❺ 2.3 □ 3.3

❻ 2 □ 1.9

かくにん 15

6 小数
小数の大小

／100点

1 下の数直線の⑦〜⑨のめもりが表す小数を書きましょう。

1つ6〔18点〕

```
0        1        2        3        4        5
         ⑦                 ⑦              ⑦
```

⑦（　　　　　）　　⑦（　　　　　）　　⑦（　　　　　）

2 □にあてはまる不等号を書きましょう。

1つ7〔42点〕

① 0.9 □ 1.1　　　　② 2.1 □ 1.9

③ 1 □ 0.2　　　　　④ 0.8 □ 2

⑤ 0 □ 0.5　　　　　⑥ 3.7 □ 4

3 次の数の大小をくらべて、いちばん大きい数を書きましょう。

1つ10〔40点〕

① （2.4、2.6、3.2）　　② （3.8、3.7、4）

（　　　　　）　　　　（　　　　　）

③ （2、2.9、2.5）　　　④ （1.7、2、1.9）

（　　　　　）　　　　（　　　　　）

答えは
68ページ

きほん16

6 小数
小数のまとめ

／100点

1 □にあてはまる数を書きましょう。　1つ10〔60点〕

❶ 0.1 を 15 こ集めた数は □ です。

❷ 1 が 5 こと 0.1 を 6 こあわせた数は □ です。

❸ 0.1 を 20 こ集めた数は □ です。

❹ 3.9 の小数第一位の数字は、□ です。

❺ 0.4 と 0.3 をあわせると、0.1 を □ こ集めた数
になります。

❻ 0.7 から 0.2 をひくと、0.1 を □ こ集めた数に
なります。

2 次の数の大小をくらべて、いちばん小さい数を書きましょう。
1つ10〔40点〕

❶ （4.5、2.5、3.5）　　　❷ （2.7、2、1.7）

（　　　　）　　　　　　（　　　　）

❸ （0.9、2.3、1.5）　　　❹ （3.3、3.5、3.4）

（　　　　）　　　　　　（　　　　）

6 小数
小数のまとめ

／100点

1 □ にあてはまる数を書きましょう。　　　　1つ10〔60点〕

❶ 3.4 は、0.1 を □ こ集めた数です。

❷ 4.8 は、1 が 4 ことこ 0.1 を □ こあわせた数です。

❸ 5 は、0.1 を □ こ集めた数です。

❹ 6.7 の小数第一位の数字は、□ です。

❺ 0.7 と 0.9 をあわせると、

0.1 を □ こ集めた数になります。

❻ 1 から 0.3 をひくと、

0.1 を □ こ集めた数になります。

2 □ にあてはまる不等号を書きましょう。　　　　1つ8〔40点〕

❶ 2.4 □ 2.9　　　❷ 0.9 □ 1

❸ 0.7 □ 0　　　❹ 1.5 □ 1.7

❺ 3.1 □ 4.1

答えは
68ページ

7 分数
分数のしくみ

／100点

1 ▶ 1mのリボンを3等分しました。その1こ分の長さは何mですか。 〔16点〕

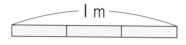

（　　　　　　　）

2 ▶ 1mのテープを、同じ長さに3つにおり、その2こ分を切り取りました。切り取ったテープは何mですか。 〔16点〕

（　　　　　　　）

3 ▶ □にあてはまることばを書きましょう。 1つ10〔20点〕

$\frac{3}{5}$ の分数で、3のことを [　　　] といい、

5のことを [　　　] といいます。

4 ▶ 次の色をぬった部分のかさは何Lですか。分数で答えましょう。 1つ12〔48点〕

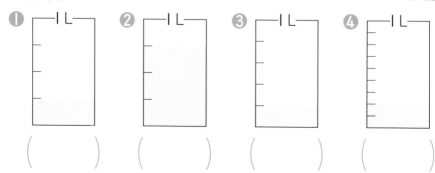

❶（　　　）　❷（　　　）　❸（　　　）　❹（　　　）

月　　日

10分

7 分数
分数のしくみ

／100点

1 次の色をぬった部分の長さは何mですか。分数で答えましょう。

1つ10〔40点〕

❶ ｜ m

（　　　　）

❷

（　　　　）

❸

（　　　　）

❹

（　　　　）

2 次の色をぬった部分のかさは何Lですか。分数で答えましょう。

1つ10〔60点〕

❶ ｜L

（　　　　）

❷ ｜L

（　　　　）

❸ ｜L

（　　　　）

❹ ｜L

（　　　　）

❺ ｜L

（　　　　）

❻ ｜L

（　　　　）

答えは
68ページ

7 分数
分数の大きさ

／100点

1 □にあてはまる数を書きましょう。　　1つ10〔50点〕

❶ $\frac{1}{3}$ m の 2 こ分の長さは、□ m です。

❷ $\frac{1}{5}$ m の 3 こ分の長さは、□ m です。

❸ $\frac{1}{7}$ L の 4 こ分のかさは、□ L です。

❹ $\frac{1}{10}$ L の 7 こ分のかさは、□ L です。

❺ $\frac{1}{9}$ dL を □ こ集めると、1 dL になります。

2 □にあてはまる数を書きましょう。　　1つ10〔50点〕

❶ $\frac{4}{5}$ m は、$\frac{1}{5}$ m の □ こ分の長さです。

❷ $\frac{3}{6}$ L は、$\frac{1}{6}$ L の □ こ分のかさです。

❸ $\frac{6}{7}$ dL は、$\frac{1}{7}$ dL の □ こ分のかさです。

❹ 1 m は、$\frac{1}{4}$ m の □ こ分の長さです。

❺ 1 L は、$\frac{1}{8}$ L の □ こ分のかさです。

7 分数
分数の大きさ

／100点

1 □にあてはまる数を書きましょう。　1つ10〔50点〕

❶ $\frac{2}{3}$m は、$\frac{1}{3}$m の □ こ分の長さです。

❷ $\frac{3}{9}$L は、$\frac{1}{9}$L の □ こ分のかさです。

❸ $\frac{6}{8}$dL は、$\frac{1}{8}$dL の □ こ分のかさです。

❹ $\frac{1}{2}$m の □ こ分の長さは、1m です。

❺ $\frac{1}{6}$L の □ こ分のかさは、1L です。

2 □にあてはまる分数を書きましょう。　1つ10〔50点〕

❶ 分母が 4 で分子が 3 の分数は、□ です。

❷ $\frac{1}{7}$m の 5 こ分の長さは、□ m です。

❸ $\frac{1}{10}$m の 8 こ分の長さは、□ m です。

❹ $\frac{1}{9}$L の 7 こ分のかさは、□ L です。

❺ $\frac{1}{5}$L の 2 こ分のかさは、□ L です。

答えは
69ページ

7 分数
分数の大小

／100点

1 大きいほうの長さやかさを○でかこみましょう。1つ7〔28点〕

① $\dfrac{3}{5}$m 、 $\dfrac{2}{5}$m

② $\dfrac{3}{7}$m 、 $\dfrac{5}{7}$m

③ $\dfrac{3}{10}$L 、 $\dfrac{4}{10}$L

④ 1L 、 $\dfrac{8}{10}$L

2 □にあてはまる不等号を書きましょう。　　　　1つ7〔28点〕

① $\dfrac{2}{3}$ ☐ $\dfrac{1}{3}$

② 1 ☐ $\dfrac{3}{4}$

③ $\dfrac{1}{8}$ ☐ $\dfrac{3}{8}$

④ $\dfrac{5}{6}$ ☐ $\dfrac{4}{6}$

3 次の（　）の中の分数を、小さいじゅんに書きましょう。

1つ10〔20点〕

① $\left(\dfrac{5}{7}, \dfrac{3}{7}, \dfrac{1}{7} \right)$ （　　　　　　　　　　　）

② $\left(\dfrac{3}{9}, \dfrac{7}{9}, \dfrac{4}{9} \right)$ （　　　　　　　　　　　）

4 次の数の大小をくらべて、いちばん大きい数を書きましょう。

1つ8〔24点〕

① $\dfrac{4}{8}$、$\dfrac{3}{8}$、$\dfrac{7}{8}$

② $\dfrac{7}{10}$、1、$\dfrac{9}{10}$

③ 1、$\dfrac{8}{9}$、$\dfrac{6}{9}$

（　　　　　） （　　　　　） （　　　　　）

答えは
69ページ

月　　日

10分

7 分数
分数の大小

／100点

1 下の数直線を見て答えましょう。　　　　1つ8〔40点〕

0　$\frac{1}{8}$　⑦　　　　　⑦　⑦　　　　　1

❶ ⑦〜⑦のめもりが表す分数を書きましょう。

⑦（　　　　　）　⑦（　　　　　）　⑦（　　　　　）

❷ $\frac{1}{8}$ が何こ分で 1 になりますか。　　　（　　　　　）

❸ 1 と $\frac{7}{8}$ では、どちらが大きいですか。　（　　　　　）

2 □にあてはまる不等号を書きましょう。　　1つ10〔40点〕

❶ $\frac{3}{4}$ □ $\frac{2}{4}$　　　　　❷ $\frac{3}{5}$ □ $\frac{4}{5}$

❸ 1 □ $\frac{6}{7}$　　　　　❹ $\frac{5}{9}$ □ 1

3 次の（　）の中の数を、大きいじゅんに書きましょう。

1つ10〔20点〕

❶ $\left(\frac{3}{4}、1、\frac{1}{4}\right)$　　　　（　　　　　　　　　）

❷ $\left(\frac{2}{5}、\frac{4}{5}、\frac{3}{5}\right)$　　　　（　　　　　　　　　）

答えは
69ページ

7 分数
分数のまとめ

1 □ にあてはまる数を書きましょう。 1つ10〔70点〕

① $\frac{1}{4}$ m の 3 こ分の長さは、□ m です。

② $\frac{1}{8}$ L の 6 こ分のかさは、□ L です。

③ $\frac{1}{10}$ m を □ こ集めると、1 m になります。

④ $\frac{1}{5}$ dL を □ こ集めると、1 dL になります。

⑤ $\frac{4}{9}$ m は、$\frac{1}{9}$ m の □ こ分の長さです。

⑥ $\frac{3}{7}$ L は、$\frac{1}{7}$ L の □ こ分のかさです。

⑦ 1 m は、$\frac{1}{6}$ m の □ こ分の長さです。

2 次の（ ）の中の分数を、大きいじゅんに書きましょう。

1つ15〔30点〕

① $\left(\frac{2}{6}、\frac{5}{6}、\frac{4}{6}\right)$ （　　　　　　　）

② $\left(\frac{1}{8}、\frac{4}{8}、\frac{7}{8}\right)$ （　　　　　　　）

答えは 69ページ

7 分数
分数のまとめ

月　　日

／100点

1 □にあてはまる数を書きましょう。　　1つ10〔70点〕

❶ $\frac{4}{6}$m は、$\frac{1}{6}$m の □ こ分の長さです。

❷ $\frac{7}{9}$L は、$\frac{1}{9}$L の □ こ分のかさです。

❸ $\frac{2}{8}$dL は、$\frac{1}{8}$dL の □ こ分のかさです。

❹ 1m は、$\frac{1}{5}$m の □ こ分の長さです。

❺ 1L は、$\frac{1}{7}$L の □ こ分のかさです。

❻ 分母が 8 で分子が 5 の分数は、□ です。

❼ 分母が 5 で分子が 1 の分数は、□ です。

2 □にあてはまる不等号を書きましょう。　　1つ6〔30点〕

❶ $\frac{5}{7}$ □ $\frac{4}{7}$　　　❷ $\frac{5}{8}$ □ $\frac{7}{8}$

❸ 1 □ $\frac{2}{5}$　　　❹ $\frac{1}{2}$ □ 1

❺ 1 □ $\frac{5}{6}$

答えは
69ページ

8 小数・分数
小数と分数

月　　日

10分

／100点

1 色をぬったところの水のかさは何Lですか。小数と分数で答えましょう。

1つ10〔40点〕

①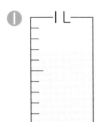

②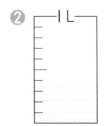

小数（　　　　　）　　　　　小数（　　　　　）

分数（　　　　　）　　　　　分数（　　　　　）

2 下の図の⑦～⑰のめもりが表す大きさをそれぞれ答えましょう。

1つ10〔60点〕

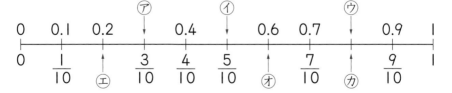

⑦（　　　　　）　　①（　　　　　）　　⑦（　　　　　）

⑩（　　　　　）　　⑪（　　　　　）　　⑰（　　　　　）

答えは
69ページ

8 小数・分数
小数と分数

／100点

1 □にあてはまる数を書きましょう。　1つ10〔60点〕

❶ $\dfrac{1}{10}$ は、1 を □ 等分した 1 こ分の大きさで、こ

れと同じ大きさを小数で表すと □ となります。

❷ 0.2 は、1 を 10 等分した 0.1 の □ こ分の大き

さで、これと同じ大きさを分母が 10 の分数で表すと

□ となります。

❸ $\dfrac{9}{10}$ は、$\dfrac{1}{10}$ の □ こ分の大きさです。

また、$\dfrac{9}{10}$ は 0.1 の □ こ分の大きさです。

2 □にあてはまる等号や不等号を書きましょう。　1つ10〔20点〕

❶ $\dfrac{4}{10}$ □ 0.6　　　❷ 0.5 □ $\dfrac{5}{10}$

3 次の（ ）の中の数を、小さいじゅんに書きましょう。

1つ10〔20点〕

❶ $\left(1.2、\dfrac{7}{10}、\dfrac{5}{10}\right)$ （　　　　　　　　）

❷ $\left(0.8、\dfrac{1}{10}、0.3\right)$ （　　　　　　　　）

答えは
69ページ

きほん
22

9 表とグラフ
整理のしかた

／100点

1▶ 本をなおこさんは **17** さつ、だいきさんは **22** さつ、みなよさんは **32** さつ、のぼるさんは **16** さつ持っています。持っている本の数を、右の表にまとめましょう。〔30点〕

持っている本のさっ数調べ（さつ）

なおこ	
だいき	
みなよ	
のぼる	

2▶ △、○、□、▱は、それぞれ何こずつありますか。数を右の表に書き入れましょう。〔30点〕

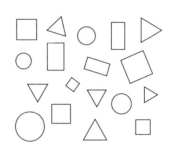

形調べ（こ）

△	
○	
□	
▱	

3▶ たかしさんは点取りゲームをしました。玉（●）の数を下の表に書き入れましょう。〔40点〕

	１点	２点	３点	４点
入った数（こ）				

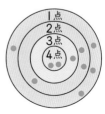

月　日

10分

9 表とグラフ
整理のしかた

／100点

1 右の表は、つとむさんの家の前を通った自動車の数を調べてまとめたものです。　1つ20〔40点〕

❶　いちばん多かったのは、どのしゅるいで、それは何台ですか。

（　　　　　　　、　　　　　　　）

❷　トラックとライトバンでは、どちらが、何台多く通りましたか。

（　　　　　　　、　　　　　　　）

自動車調べ

しゅるい	台数(台)
バ ス	4
トラック	9
ライトバン	11
乗用車	24

2 右の表は、3年生のすきなくだものをクラスべつにまとめたものです。　1つ20〔60点〕

❶　右の表に合計の人数を書きましょう。

❷　合計でいちばん多いのは、どのしゅるいで、それは何人ですか。

（　　　　　　　、　　　　　　　）

❸　合計で、いちごとりんごのどちらが、何人多いですか。

（　　　　　　　、　　　　　　　）

すきなくだもの調べ　(人)

しゅるい ＼ 組	1組	2組	3組	合計
いちご	10	10	9	
メロン	9	11	12	
りんご	6	6	7	
バナナ	4	5	5	
すいか	2	4	3	
その他	7	4	3	

答えは
70ページ

9 表とグラフ
くふうした表

/100点

1 右の表は、ななこさんの組の人が4月から7月にどんな本を読んだかを調べてまとめたものです。

1つ20〔100点〕

❶ 4月は全部で何さつの本が読まれましたか。

（　　　　　　）

4月から7月に読んだ本調べ　（さつ）

しゅるい ＼ 月	4月	5月	6月	7月	合計
物語	18	12	10	15	
でん記	11	14	6	10	
科学	6	5	8	2	
図かん	2	3	2	3	
その他	4	4	3	8	
合計					

❷ でん記は4月から7月の間に何さつ読まれましたか。

（　　　　　　）

❸ 4月から7月の間に、読んだ人がいちばん多い本と、いちばん少ない本のしゅるいとさっ数を書きましょう。

いちばん多い本

（しゅるい　　　　　　、さっ数　　　　　　）

いちばん少ない本

（しゅるい　　　　　　、さっ数　　　　　　）

❹ 4月から7月の間に、全部で何さつの本が読まれましたか。

（　　　　　　）

9 表とグラフ
くふうした表

／100点

1 下の表は、1月、2月、3月にほけん室に行った3年生の人数を、クラスごとにまとめたものです。これを1つの表にまとめましょう。

1つ5〔100点〕

3年生のほけん室に行った人の数調べ

1 月	
1 組	12人
2 組	9人
3 組	13人
4 組	14人
5 組	11人

2 月	
1 組	15人
2 組	11人
3 組	12人
4 組	13人
5 組	14人

3 月	
1 組	10人
2 組	8人
3 組	9人
4 組	10人
5 組	7人

3年生のほけん室に行った人の数調べ(人)

組 ＼ 月	1 月	2 月	3 月	合計
1 組	12			
2 組		11		
3 組			9	
4 組	14			
5 組				
合計				

答えは
70ページ

9 表とグラフ
ぼうグラフのよみ方
ぼうグラフのかき方

月　　日

10分

／100点

1 右のぼうグラフについて、答えましょう。　1つ12〔60点〕

❶　グラフの1めもりは、何kgを表していますか。（　　　　　）

❷　それぞれの体重は何kgですか。

なおき（　　　　　）

まさし（　　　　　）

ゆかり（　　　　　）

ふゆみ（　　　　　）

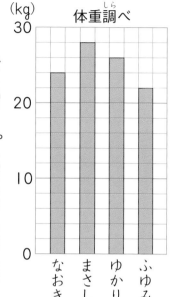

（kg）　　体重調べ

2 まゆみさんの組でお楽しみ会をするので、やりたいことを調べたら下の表のようになりました。ぼうグラフに表しましょう。〔40点〕

やりたいこと調べ

なぞなぞ	げき	手品	お話	歌
正下	正一	下	正丅	正正

9 表とグラフ
ぼうグラフのよみ方
ぼうグラフのかき方

10分

／100点

1 右のぼうグラフは、家から
学校までの道のりを表したも
のです。次の人の道のりは
何mですか。　　1つ20〔60点〕

　　ももか（　　　　　　）

　　みさと（　　　　　　）

　　としき（　　　　　　）

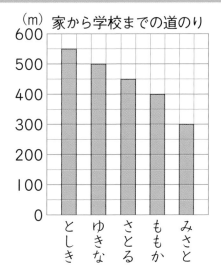

(m) 家から学校までの道のり

600
500
400
300
200
100
0

としき　ゆきな　さとる　ももか　みさと

2 下の表は、ひろしさんたち
のグループでボール投げをし
たときの記ろくです。ぼうグ
ラフにかきましょう。　〔40点〕

名前	記ろく(m)
たつや	28
おさむ	27
ひろし	22
ゆうた	19
はやと	18

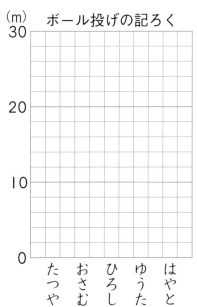

(m) ボール投げの記ろく

30
20
10
0

たつや　おさむ　ひろし　ゆうた　はやと

答えは
71ページ

10 円と球
円

／100点

1 □にあてはまることばを書きましょう。　1つ15〔45点〕

❶　円のまん中の点を、円の[　　　]といいます。

❷　中心から円のまわりまでひいた直線を、円の[　　　]といいます。

❸　円の中心を通り、円のまわりからまわりまでひいた直線を、円の[　　　]といいます。

2 右のように、半径6cmの円と半径10cmの円をならべました。直線アイの長さは何cmですか。　〔15点〕

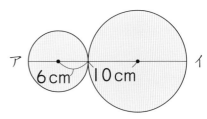

(　　　　　　　　)

3 右のように、半径6cmの円が2つならんでいます。ア、イの点はそれぞれの円の中心です。次の直線の長さは何cmですか。　1つ20〔40点〕

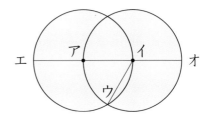

イウ(　　　　　　)　　エオ(　　　　　　)

答えは
71ページ

10 円と球
円

〔／100点〕

1 右のように、半径12cmと8cmの2つの円を重ねました。⑦の長さは何cmですか。

〔20点〕

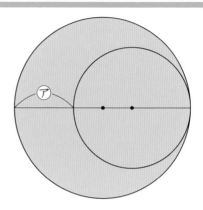

(　　　　　　　)

2 下の図は、直径8cmの円を6こならべたものです。直線アイの長さは何cmですか。

〔20点〕

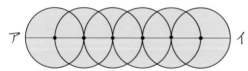

(　　　　　　　)

3 右の図のような3つの円があります。

1つ20〔60点〕

❶ 直線アイの長さは何cmですか。

(　　　　　　　)

❷ 直線イウの長さは何cmですか。

(　　　　　　　)

❸ 直線アウの長さは何cmですか。

(　　　　　　　)

答えは
71ページ

10 円と球
球

/100点

1 右のように、球を半分に切りました。
㋐〜㋒の名前を答えましょう。　1つ10〔30点〕

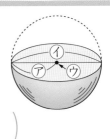

㋐(　　　　　　　)

㋑(　　　　　　　)　㋒(　　　　　　　)

2 直径30cmの球があります。この球の半径は何cmですか。　〔20点〕

(　　　　　　　)

3 右のように、半径7cmのボールがぴったり入る箱を作りました。箱の1辺の長さは何cmですか。　〔20点〕

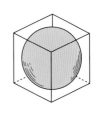

(　　　　　　　)

4 右のような箱に、直径9cmのボールがぴったり6こ入っています。箱のたてと横の長さは、それぞれ何cmですか。　1つ15〔30点〕

たて　横

たて(　　　　　　)　横(　　　　　　)

答えは
71ページ

10 円と球
球

10分

／100点

1 □にあてはまることばを書きましょう。　1つ15〔60点〕

❶　右の図のような形を □ といいます。

❷　球_{きゅう}はどこから見ても □ に見えます。

❸　球のどこを切っても、切り口は □ になります。

この切り口がいちばん大きくなるのは、球の □ を

通るように切ったときです。

2 半径_{はんけい} 11cm のボールがあります。このボ
ールの直径_{ちょっけい}は何 cm ですか。　〔20点〕

（　　　　　　　）

3 右のように、半径 4cm のボー
ルが、ぴったり 2 こ入る箱_{はこ}があり
ます。この箱のたてと横_{よこ}の長さは、
それぞれ何 cm ですか。　1つ10〔20点〕

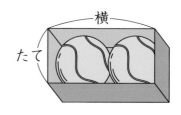

横

たて

たて（　　　　　　　）　横（　　　　　　　）

答えは
71ページ

11 三角形
三角形と角

／100点

1 右の図を見て、記号で答え
ましょう。　　　1つ15〔30点〕

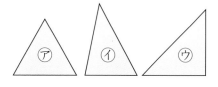

❶ 2つの辺の長さが等しい
三角形はどれですか。

(　　　　　)

❷ 3つの辺の長さがどれも等しい三角形はどれですか。

(　　　　　)

2 下の図の三角形で⑦、⑦のところの名前を書きましょう。

1つ15〔30点〕

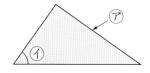

⑦(　　　　　)

⑦(　　　　　)

3 下の3つの角の中で、いちばん大きい角はどれですか。
また、いちばん小さい角はどれですか。記号で答えましょ
う。

1つ20〔40点〕

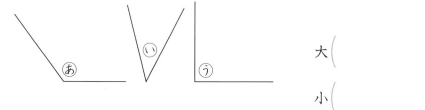

大(　　　　　)

小(　　　　　)

答えは
71ページ

11 三角形
三角形と角

月　日　10分

／100点

1 下の三角じょうぎについて、答えましょう。　1つ13〔52点〕

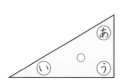

❶　直角になっている角は、
どれとどれですか。
（　　　　　　　　）

❷　あの角とかの角とでは、どちらが大
きいですか。
（　　　　　　　　）

❸　いの角ときの角とでは、どちらが大
きいですか。
（　　　　　　　　）

❹　かの角と同じ大きさの角は、どれで
すか。
（　　　　　　　　）

2 □にあてはまることばを書きましょう。　1つ16〔48点〕

❶　１つのちょう点から出ている２つの辺がつくる形
を　□　といいます。

❷　二等辺三角形の２つの　□　の長さは等しくなって
います。

❸　３つの辺の長さがどれも等しい三角形は　□
です。

答えは
71ページ

11 三角形
二等辺三角形と正三角形 ①

/100点

1 □にあてはまる数やことばを書きましょう。　1つ14〔28点〕

❶　二等辺三角形は、等しい大きさの角が □ つあります。

❷　正三角形の 3 つの角の大きさは、

すべて □ なっています。

2 右の図のように、紙を 2 つにおって
ぴったり重ねてから点線のところを切っ
て広げました。　1つ15〔30点〕

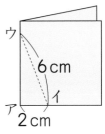

ウ
6cm
ア　イ
2cm

❶　何という三角
形ができますか。（　　　　　　　　）

❷　イウの長さは 6cm のままで、アイの長さが 3cm にな
るようにして切ると、何という三角形ができますか。

（　　　　　　　　）

3 下の図のように、2 まいの三角じょうぎをならべました。
この三角形の名前を書きましょう。　1つ14〔42点〕

❶　　　　　　　　　❷　　　　　　　　　❸

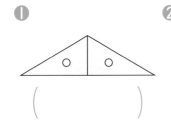　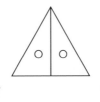　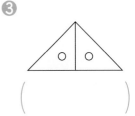

（　　　　　　）（　　　　　　）（　　　　　　）

答えは
71ページ

11 三角形
二等辺三角形と正三角形 ①

/100点

1 □にあてはまることばや数を書きましょう。　1つ15〔30点〕

❶　2つの辺の長さが等しい三角形を　□　といいます。

❷　□　つの辺の長さがどれも等しい三角形を、正三角形といいます。

2 同じ長さのマッチぼうを3本使って三角形を作りました。何という三角形ができますか。　〔20点〕

（　　　　　　　　　）

3 5cmのひご2本と、4cmのひご1本で三角形の形を作りました。何という三角形ができますか。　〔20点〕

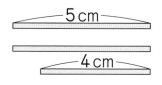

（　　　　　　　　　）

4 右の図で、ア、イはそれぞれ円の中心です。ア〜ウの点を直線でつなぐと、何という三角形ができますか。　〔30点〕

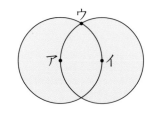

（　　　　　　　　　）

答えは
71ページ

11 三角形
二等辺三角形と正三角形 ②

1 下のひごを使って作った⑧〜⦿の三角形について答えましょう。

1つ30〔60点〕

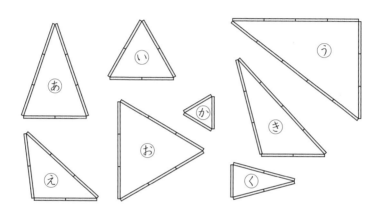

① ⑧の三角形のなかまは、どれとどれですか。

(　　　　　　　　　　　)

② ⓘの三角形のなかまは、どれとどれですか。

(　　　　　　　　　　　)

2 １つの辺の長さが **3cm** の正三角形をかきましょう。 〔40点〕

11 三角形
二等辺三角形と正三角形 ②

／100点

 下の三角形は、何という三角形ですか。 1つ20〔40点〕

❶

❷

（　　　　　　　　）　　　（　　　　　　　　）

2 3つの辺の長さが3cm、3cm、5cmの二等辺三角形をかきましょう。〔20点〕

3 正方形の色紙から、次のようにして三角形を作ります。何という三角形ができますか。〔20点〕

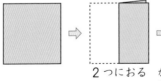

2つにおる　かどからかどまで直線をひいて切る

（　　　　　　　　　　　）

4 右の円の直径は3cmです。【れい】のように、この円の半径を使って1つの辺の長さが1cm5mmの正三角形をかきましょう。〔20点〕

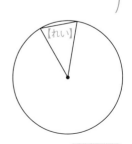

答えは
72ページ

かくにん 30 力だめし ①

／100点

1 次の数を数字で書きましょう。　　　1つ13〔52点〕

❶　99999999 より 1 大きい数　（　　　　　　　　）

❷　1 億より 300 小さい数　（　　　　　　　　）

❸　100 万の 100 倍の数　（　　　　　　　　）

❹　10 万の 1000 倍の数　（　　　　　　　　）

2 □にあてはまる数を書きましょう。　　　1つ12〔48点〕

❶　52934138 は、千万を □ こ、百万を □ こ、十万を □ こ、一万を □ こ、千を □ こ、百を □ こ、十を □ こ、一を □ こあわせた数です。

❷　4000000 は一万を □ こ集めた数です。

❸　32900521 は、一万を □ こと 521 をあわせた数です。

❹　千万を 4 こ、百万を 2 こ、千を 8 こ、十を 5 こあわせた数は □ です。

答えは 72ページ

1 次の色をぬった部分のかさは何Lですか。小数と分数で答えましょう。
1つ12〔24点〕

小数（　　　　　　　）　分数（　　　　　　　）

2 □にあてはまる数を書きましょう。
1つ12〔24点〕

① 1を9等分した5こ分は □ です。

② $\frac{3}{5}$ は $\frac{1}{5}$ の □ こ分です。

3 □にあてはまる数を書きましょう。
1つ12〔24点〕

① $\frac{4}{7}$ の分母は □ で、分子は □ です。

② $\frac{4}{5}$m、$\frac{2}{5}$m、1mのうち、いちばん長いのは □ m です。

4 □にあてはまる不等号を書きましょう。
1つ14〔28点〕

① $\frac{1}{3}$ □ $\frac{2}{3}$　　② 0.3 □ 0.2

月　　日

10分

力だめし ③

／100点

1　下の三角形は何という三角形ですか。　　1つ18〔36点〕

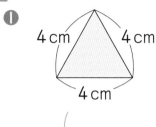

① 4 cm　4 cm　4 cm

② 5 cm　3 cm　5 cm

（　　　　　　　　　）　（　　　　　　　　　）

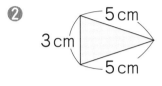

2　右の図で、アの点は円の中心です。三角形アイウは何という三角形ですか。

〔18点〕

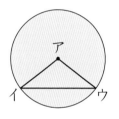

ア　イ　ウ

（　　　　　　　　　）

3　下の図は、形も大きさも同じ正三角形や二等辺三角形をそれぞれすきまなくならべて作った形です。さかいめの直線を全部かきたしましょう。　　1つ23〔46点〕

① 正三角形

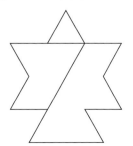

② 二等辺三角形

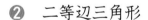

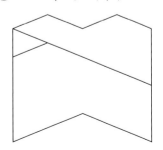

答えは
72ページ

力だめし ④

／100点

1 下のあ〜うの角を大きいじゅんに書きましょう。　〔20点〕

（　　　　　　　　　）

2 3つの角の大きさがすべて等しい三角形は何という三角形ですか。
〔20点〕

（　　　　　　　　　）

3 右のぼうグラフについて、答えましょう。　1つ20〔60点〕

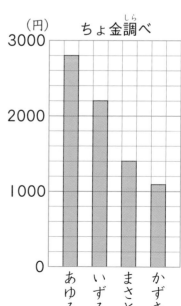

❶　グラフの1めもりは、何円を表していますか。

（　　　　　　　　　）

❷　あゆみさんのちょ金は何円ですか。

（　　　　　　　　　）

❸　かずきさんのちょ金は何円ですか。

（　　　　　　　　　）

答えは
72ページ

1

3・4ページ

1 ❶ 6 　❷ 8 　❸ 7 　❹ 4

2 ❶ 9 　❷ 3 　❸ 4 　❹ 6

　 ❺ 9 　❻ 4

★　★　★

1 ❶ かけられる数

　❷ 同じ

2 ❶ 3 　❷ 9 　❸ 9 　❹ 3

　❺ 7 　❻ 5 　❼ 5 　❽ 7

2

5・6ページ

1 ❶ 千の位 　❷ 一万の位

2 ❶ 5 　　　❷ 2

3 ❶ 37582 　❷ 94600

　❸ 53070 　❹ 20105

4 ❶ 六万九千七百

　❷ 九万二百五十三

★　★　★

1 ❶ 一万の位 　❷ 十万の位

　❸ 百万の位

2 ❶ 7 　　　❷ 1

3 ❶ 千七百四十三万

　❷ 六千二十五万八百

4 ❶ 6537490

　❷ 50470600

　❸ 79020408

3

7・8ページ

1 ❶ 39472 　❷ 81046

　❸ 10785 　❹ 53820

　❺ 3045200

　❻ 40050000

2 ❶ 3、9、5 　❷ 8、4、6

★　★　★

1 ❶ 74000 　❷ 80950

　❸ 530050 　❹ 6800000

　❺ 270000 　❻ 160000

2 ❶ 8 　　❷ 36 　❸ 250

　❹ 10

4

9・10ページ

1 ㋐ 600000 　㋑ 620000

　㋒ 2500000 　㋓ 5000000

　㋔ 5800000

2 ❶ ＞ 　❷ ＜ 　❸ ＞ 　❹ ＜

　❺ ＜

3 12004500、8700000、

8690000

★　★　★

1 ❶ 1000001

　❷ 99999

　❸ 10000999

　❹ 99999999

2 (○をつけるほう)

   ❶ 40000

   ❷ 100000 より 1 小さい数

   ❸ 97654320

   ❹ 十万を 8 こ、百を 7 こ、一
     を 5 こあわせた数

3 5093600、50369000、
   50936000

5
11・12ページ

1 ❶ 320、3200

   ❷ 4800、48000

   ❸ 8300   ❹ 550000

2 ❶ 700、70

   ❷ 10000（1 万）、1000

★ ★ ★

1 ❶ 300   ❷ 6820

   ❸ 12500   ❹ 23000

2 ❶ 8700   ❷ 52000

   ❸ 390000   ❹ 248500

3 ❶ 54000   ❷ 476000

   ❸ 601000   ❹ 1500000

4 ❶ 4   ❷ 50

   ❸ 65   ❹ 120

   ❺ 400   ❻ 1000

   ❼ 750   ❽ 906

6
13・14ページ

1 2 時 30 分 ➡ 2 時 50 分
   公園にいた時間…20 分（間）

2 ❶ 8 時 10 分   ❷ 11 時 20 分

   ❸ 2 時 50 分   ❹ 8 時 40 分

★ ★ ★

1 ❶ 5 時間 5 分   ❷ 9 時間 30 分

   ❸ 8 時間 50 分   ❹ 5 時間 25 分

2 ❶ 9 時 25 分   ❷ 5 時 45 分

   ❸ 6 時 25 分   ❹ 10 時 45 分

7
15・16ページ

1 ❶ 1 時間 10 分   ❷ 1 時間 45 分

   ❸ 3 時間 30 分   ❹ 3 時間 20 分

   ❺ 1 時間 20 分

2 6 時間後…午後 2 時 20 分
   10 時間 20 分後…午後 6 時 40 分

★ ★ ★

1 ❶ 2 時間 5 分   ❷ 1 時間 10 分

   ❸ 4 時間 40 分   ❹ 3 時間 15 分

   ❺ 1 時間 55 分

2 4 時間前…午後 5 時 15 分
   7 時間 30 分前…午後 1 時 45 分

8
17・18ページ

1 ❶ 時間   ❷ 分（間）

   ❸ 秒（間）   ❹ 時間

2 ❶ 240 ❷ 3   ❸ 80

   ❹ 150 ❺ 1、30

3 ❶ 4 時 32 分 40 秒

   ❷ 8 時 33 分 15 秒

   ❸ 2 時 33 分 28 秒

★ ★ ★

1 ❶ 180 ❷ 2   ❸ 100

   ❹ 175 ❺ 1、25

   ❻ 2、20 ❼ 2、45

2 ❶ 25 秒   ❷ 2 分 35 秒

   ❸ 17 分 50 秒

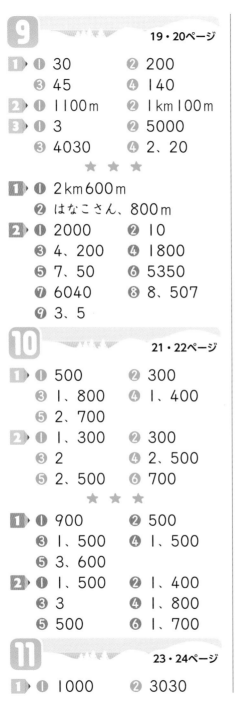

9
19・20ページ

1 ❶ 30　　❷ 200
　❸ 45　　❹ 140
2 ❶ 1100m　❷ 1km100m
3 ❶ 3　　❷ 5000
　❸ 4030　　❹ 2、20

★ ★ ★

1 ❶ 2km600m
　❷ はなこさん、800m
2 ❶ 2000　　❷ 10
　❸ 4、200　　❹ 1800
　❺ 7、50　　❻ 5350
　❼ 6040　　❽ 8、507
　❾ 3、5

10
21・22ページ

1 ❶ 500　　❷ 300
　❸ 1、800　　❹ 1、400
　❺ 2、700
2 ❶ 1、300　　❷ 300
　❸ 2　　❹ 2、500
　❺ 2、500　　❻ 700

★ ★ ★

1 ❶ 900　　❷ 500
　❸ 1、500　　❹ 1、500
　❺ 3、600
2 ❶ 1、500　　❷ 1、400
　❸ 3　　❹ 1、800
　❺ 500　　❻ 1、700

11
23・24ページ

1 ❶ 1000　　❷ 3030

　❸ 4、5　　❹ 30
2 ❶ 200g　　❷ 540g
　❸ 880g
　❹ 1200g(1kg200g)
　❺ 800g
　❻ 1900g(1kg900g)

★ ★ ★

1 ❶ 1000　　❷ 1、30
　❸ 2、805　　❹ 3、8
2 ❶ 2kg(2000g)
　❷ 1kg100g(1100g)
　❸ 2600g(2kg600g)
　❹ 3800g(3kg800g)
　❺ 3kg100g(3100g)
　❻ 1900g(1kg900g)

12
25・26ページ

1 ❶ 2000　　❷ 3
　❸ 1500　　❹ 4050
　❺ 5、600　　❻ 8、470
2 ❶ 1　　❷ 800
　❸ 2、400　　❹ 210

★ ★ ★

1 ❶ 8000　　❷ 7
　❸ 2380　　❹ 2、60
2 ❶ 700　　❷ 1、500
　❸ 2、200　　❹ 400
　❺ 900　　❻ 2、300

13
27・28ページ

1 ❶ 0.4L　　❷ 2.8L
2 ❶ 小数点　　❷ 整数
3 ㋐ 0.4m　　㋑ 0.9m

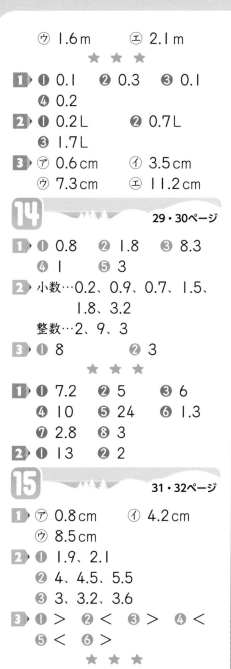

ウ 1.6m　エ 2.1m

★ ★ ★

1▸ ❶ 0.1　❷ 0.3　❸ 0.1
　❹ 0.2

2▸ ❶ 0.2L　❷ 0.7L
　❸ 1.7L

3▸ ⑦ 0.6cm　① 3.5cm
　ウ 7.3cm　エ 11.2cm

14　29・30ページ

1▸ ❶ 0.8　❷ 1.8　❸ 8.3
　❹ 1　❺ 3

2▸ 小数…0.2、0.9、0.7、1.5、
　　1.8、3.2
　整数…2、9、3

3▸ ❶ 8　　　❷ 3

★ ★ ★

1▸ ❶ 7.2　❷ 5　❸ 6
　❹ 10　❺ 24　❻ 1.3
　❼ 2.8　❽ 3

2▸ ❶ 13　❷ 2

15　31・32ページ

1▸ ⑦ 0.8cm　① 4.2cm
　ウ 8.5cm

2▸ ❶ 1.9、2.1
　❷ 4、4.5、5.5
　❸ 3、3.2、3.6

3▸ ❶ >　❷ <　❸ >　❹ <
　❺ <　❻ >

★ ★ ★

1▸ ⑦ 0.7　① 3.2　ウ 4.8

2▸ ❶ <　❷ >　❸ >　❹ <

❺ <　❻ <

3▸ ❶ 3.2　❷ 4　❸ 2.9
　❷ 2

16　33・34ページ

1▸ ❶ 1.5　❷ 5.6　❸ 2
　❹ 9　❺ 7　❻ 5

2▸ ❶ 2.5　❷ 1.7　❸ 0.9
　❹ 3.3

★ ★ ★

1▸ ❶ 34　❷ 8　❸ 50
　❹ 7　❺ 16　❻ 7

2▸ ❶ <　❷ <　❸ >　❹ <
　❺ <

17　35・36ページ

1▸ $\frac{1}{3}$m

2▸ $\frac{2}{3}$m

3▸ 分子、分母

4▸ ❶ $\frac{1}{4}$L　❷ $\frac{3}{4}$L　❸ $\frac{1}{5}$L
　❹ $\frac{2}{9}$L

★ ★ ★

1▸ ❶ $\frac{2}{3}$m　❷ $\frac{3}{5}$m　❸ $\frac{1}{4}$m
　❹ $\frac{5}{8}$m

2▸ ❶ $\frac{2}{5}$L　❷ $\frac{4}{6}$L　❸ $\frac{3}{10}$L
　❹ $\frac{2}{3}$L　❺ $\frac{1}{7}$L　❻ $\frac{7}{8}$L

② $\frac{4}{5}$、$\frac{3}{5}$、$\frac{2}{5}$

18　37・38ページ

1▶ ① $\frac{2}{3}$　② $\frac{3}{5}$　③ $\frac{4}{7}$
　④ $\frac{7}{10}$　⑤ 9

2▶ ① 4　② 3　③ 6
　④ 4　⑤ 8

★ ★ ★

1▶ ① 2　② 3　③ 6
　④ 2　⑤ 6

2▶ ① $\frac{3}{4}$　② $\frac{5}{7}$　③ $\frac{8}{10}$
　④ $\frac{7}{9}$　⑤ $\frac{2}{5}$

19　39・40ページ

1▶ (○でかこむほう)
　① $\frac{3}{5}$ m　② $\frac{5}{7}$ m　③ $\frac{4}{10}$ L
　④ 1 L

2▶ ① >　② >　③ <　④ >

3▶ ① $\frac{1}{7}$、$\frac{3}{7}$、$\frac{5}{7}$
　② $\frac{3}{9}$、$\frac{4}{9}$、$\frac{7}{9}$

4▶ ① $\frac{7}{8}$　② 1　③ 1

★ ★ ★

1▶ ① ㋐ $\frac{2}{8}$　㋑ $\frac{5}{8}$　㋒ $\frac{6}{8}$
　② 8こ分　③ 1

2▶ ① >　② <　③ >　④ <

3▶ ① 1、$\frac{3}{4}$、$\frac{1}{4}$

20　41・42ページ

1▶ ① $\frac{3}{4}$　② $\frac{6}{8}$　③ 10
　④ 5　⑤ 4　⑥ 3
　⑦ 6

2▶ ① $\frac{5}{6}$、$\frac{4}{6}$、$\frac{2}{6}$
　② $\frac{7}{8}$、$\frac{4}{8}$、$\frac{1}{8}$

★ ★ ★

1▶ ① 4　② 7　③ 2
　④ 5　⑤ 7　⑥ $\frac{5}{8}$
　⑦ $\frac{1}{5}$

2▶ ① >　② <　③ >　④ <
　⑤ >

21　43・44ページ

1▶ ① 小数…0.7L　分数…$\frac{7}{10}$L
　② 小数…0.4L　分数…$\frac{4}{10}$L

2▶ ㋐ 0.3　㋑ 0.5　㋒ 0.8
　㋓ $\frac{2}{10}$　㋔ $\frac{6}{10}$　㋕ $\frac{8}{10}$

★ ★ ★

1▶ ① 10、0.1
　② 2、$\frac{2}{10}$
　③ 9、9

2▶ ① <　② =

③ **①** $\dfrac{5}{10}$、 $\dfrac{7}{10}$、 1.2

② $\dfrac{1}{10}$、 0.3、 0.8

22 　　　　　　　　　**45・46ページ**

1 持っている本の
さっ数調べ（さつ）

なおこ	17
だいき	22
みなよ	32
のぼる	16

2 形調べ（こ）

△	6
○	4
□	5
◇	3

③ （左から）4、3、1、2

★ ★ ★

1 **①** 乗用車、24台

② ライトバン、2台

2 **①**
すきなくだもの調べ　（人）

しゅるい＼組	1組	2組	3組	合計
いちご	10	10	9	29
メロン	9	11	12	32
りんご	6	6	7	19
バナナ	4	5	5	14
すいか	2	4	3	9
その他	7	4	3	14

② メロン、32人

③ いちご、10人

23 　　　　　　　　　**47・48ページ**

1 **①** 41さつ

② 41さつ

③ （いちばん多い本）
　　しゅるい…物語
　　さっ数　…55さつ
　（いちばん少ない本）
　　しゅるい…図かん
　　さっ数　…10さつ

④ 146さつ

★ ★ ★

1 3年生のほけん室に行った人の数調べ（人）

組＼月	1月	2月	3月	合計
1組	12	15	10	37
2組	9	11	8	28
3組	13	12	9	34
4組	14	13	10	37
5組	11	14	7	32
合計	59	65	44	168

24 　　　　　　　　　**49・50ページ**

1 **①** 2kg

② なおき…24kg
　　まさし…28kg
　　ゆかり…26kg
　　ふゆみ…22kg

2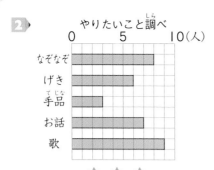
やりたいこと調べ

1 ももか…400m
みさと…300m
としき…550m

2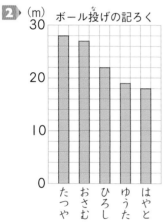
ボール投げの記ろく

51・52ページ

25

1 ❶ 中心　❷ 半径　❸ 直径
2 32cm
3 イウ…6cm
　　エオ…18cm

★　★　★

1 8cm
2 28cm
3 ❶ 8cm　❷ 7cm　❸ 9cm

26

53・54ページ

1 ⑦ 半径　④ 直径　⑦ 中心
2 15cm
3 14cm
4 たて…18cm　横…27cm

★　★　★

1 ❶ 球　❷ 円　❸ 円、中心
2 22cm
3 たて…8cm　横…16cm

27

55・56ページ

1 ❶ ⑦　❷ ⑦
2 ⑦ 辺　④ 角
3 大…あ　小…い

★　★　★

1 ❶ ③の角と◯の角
　❷ あの角　❸ ◯の角
　❹ ◯の角
2 ❶ 角　❷ 辺　❸ 正三角形

28

57・58ページ

1 ❶ 2　❷ 等しく
2 ❶ 二等辺三角形
　❷ 正三角形
3 ❶ 二等辺三角形
　❷ 正三角形
　❸ 二等辺三角形(直角二等辺三角形)

★　★　★

1 ❶ 二等辺三角形　❷ 3
2 正三角形
3 二等辺三角形
4 正三角形

29  **59・60ページ**

1 ① え、く

 ② お、か

2

★ ★ ★

1 ① 二等辺三角形(にとうへんさんかくけい)

 ② 正三角形

2

3 二等辺三角形

4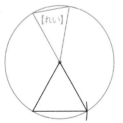

【れい】

30 **61ページ**

1 ① 100000000

 ② 99999700

 ③ 100000000

 ④ 100000000

2 ① 5、2、9、3、4、1、3、8

 ② 400

 ③ 3290

 ④ 42008050

31 **62ページ**

1 小数…0.6L　分数…$\frac{6}{10}$L

2 ① $\frac{5}{9}$　　② 3

3 ① 7、4　　② 1

4 ① <　　② >

32 **63ページ**

1 ① 正三角形

 ② 二等辺三角形

2 二等辺三角形

3 ①

 ②

33 **64ページ**

1 う、あ、い

2 正三角形

3 ① 200円

 ② 2800円

 ③ 1100円

3 2 1 0 9 8 7 6 5 4
* * D C B A

月　日

10分

何十の　たし算と　ひき算　①

／100点

1 □に　あう　数を　書きましょう。　　1つ10〔40点〕

❶　50円と　20円は　あわせて　□円

❷　30円と　50円は　あわせて　□円

❸　おはじき　30ことと　40こは　あわせて　□こ

❹　えんぴつ　40本と　20本は　あわせて　□本

2 ちがいは　いくつですか。　　1つ10〔40点〕

❶　40と　20……□　　❷　40と　30……□

❸　90と　60……□　　❹　60と　80……□

3 色紙を　60まい　もって　いました。友だちから　30まい　もらいました。何まいに　なりましたか。〔10点〕

【しき】

答え（　　　　　）

4 はるとさんは　30円の　あめを　買い、50円玉を　出しました。おつりは　何円ですか。〔10点〕

【しき】

答え（　　　　　）

何十の　たし算と　ひき算　①

／100点

1　しょうまさんは　お金を　30円　もって　います。
お兄さんから　20円　もらいました。
あわせて　いくらですか。　　　　　　　　　　〔25点〕

【しき】

答え（　　　　　　　　）

2　さくらさんは　色紙を　60まい　もって　います。
妹は　それより　20まい　少ないそうです。
妹は　何まい　もって　いますか。　　　　　　　〔25点〕

【しき】

答え（　　　　　　　　）

3　あめが　50ことと　40こ　あります。
あわせて　何こですか。　　　　　　　　　　　〔25点〕

【しき】

答え（　　　　　　　　）

4　あやかさんは　70円、ひなさんは　90円　もって
います。ちがいは　何円ですか。　　　　　　　〔25点〕

【しき】

答え（　　　　　　　　）

答えは
63ページ

2けたの たし算の ひっ算

／100点

1 右の ひっ算を して、
□に あう 数を 書きましょう。 1つ25〔50点〕

❶ りんご 14こと 23こは
あわせて 何こですか。

【しき】 □ ＋ □ ＝ □ 答え □ こ

【ひっ算】

＋		

❷ みかん 19こと 32こは
あわせて 何こですか。

【しき】 □ ＋ □ ＝ □ 答え □ こ

【ひっ算】

＋		

2 どうぶつの しゃしんを 21まいと、
のりものの しゃしんを 7まい
とりました。しゃしんは ぜんぶで 何まい
とりましたか。 〔25点〕

【しき】

答え（ 　　　　　 ）

【ひっ算】

＋		

3 ゆうとさんは おりづるを 8羽 おり、
妹は 23羽 おりました。
あわせて 何羽 おりましたか。 〔25点〕

【しき】

答え（ 　　　　　 ）

【ひっ算】

＋		

2けたの　たし算の　ひっ算

／100点

1 そうたさんの　学校には、1年生が　45人、
2年生が　43人　います。あわせて　何人ですか。〔25点〕
【しき】

答え（　　　　　　）

2 池の　中に、赤い　金魚が　35ひき、黒い　金魚が
47ひき　います。ぜんぶで　何びきですか。〔25点〕
【しき】

答え（　　　　　　）

3 本を　読んで　います。今までに　6ページ
読みました。まだ　42ページ　のこって　います。
この　本は　ぜんぶで　何ページ　ありますか。〔25点〕
【しき】

答え（　　　　　　）

4 ゆなさんは　色紙を　28まい、妹は　7まい　もって
います。あわせて　何まい　ありますか。〔25点〕
【しき】

答え（　　　　　　）

答えは
63ページ

2けたの　ひき算の　ひっ算

／100点

1 ▶ 右の　ひっ算を　して、
□に　あう　数を　書きましょう。 1つ25〔50点〕

❶ なしが　28こ　あります。12こ
あげると　のこりは　何こに　なりますか。

【しき】 □ － □ ＝ □ 　答え □ こ

【ひっ算】

❷ ももが　33こ　あります。14こ
あげると　のこりは　何こに　なりますか。

【しき】 □ － □ ＝ □

答え □ こ

【ひっ算】

2 ▶ 花が　38本　さいて　います。7本
つむと、のこりは　何本ですか。

【しき】　　　　　　　　　　　　　〔25点〕

答え（　　　　　　）

【ひっ算】

3 ▶ おり紙が　22まい　ありました。
6まい　つかいました。
あと　何まい　のこって　いますか。 〔25点〕

【しき】

答え（　　　　　　）

【ひっ算】

2けたの　ひき算の　ひっ算

／100点

1 ゆうまさんの　家の　かきが　68こ　なりました。
となりへ　32こ　あげました。
のこりは　何こですか。〔25点〕

【しき】

答え（　　　　　　）

2 92だん　ある　かいだんを　88だんまで
のぼりました。のこりは　何だんですか。〔25点〕

【しき】

答え（　　　　　　）

3 はとが　いました。5羽　とんで　きたので、
ぜんぶで　28羽に　なりました。
はじめに　いた　はとは　何羽ですか。〔25点〕

【しき】

答え（　　　　　　）

4 ゆいさんの　家の　にわとりが　たまごを　24こ
うみました。そのうち　4こを　食べました。
何こ　のこって　いますか。〔25点〕

【しき】

答え（　　　　　　）

3つの　数の　たし算と　ひき算の　ひっ算 ①

/100点

1　18円の　ガムと　25円の　あめと　36円の　ラムネを　買いました。
ぜんぶで　何円ですか。〔25点〕

【ひっ算】

【しき】 □ + □ + □ = □　答え □ 円

```
      1 8
  +
```

2　53まいの　色紙が　ありました。妹に　17まい、弟に　18まい　あげました。
のこりは　何まいですか。〔25点〕

【ひっ算】

```
  −    →    −
```

【しき】 □ − □ − □ = □　答え □ まい

3　教室に　25人　いました。14人　入って　きて、21人　出て　いきました。今　教室には　何人　いますか。

【しき】　〔25点〕

答え（　　　　　）

4　どんぐりを　82こ　ひろいました。
友だちに　23こ　あげて、また、17こ　ひろいました。
ぜんぶで　何こに　なりましたか。〔25点〕

【しき】

答え（　　　　　）

3つの　数の　たし算と　ひき算の　ひっ算 ①

／100点

1 にわとりが　たまごを　2日まえに　17こ、
きのう　16こ、今日　9こ　うみました。
ぜんぶで　何こに　なりますか。　〔25点〕

【しき】

答え（　　　　　）

2 えいとさんは　切手を　38まい　もって　いました。
お兄さんから　18まい　もらいました。
また、れんさんに　27まい　あげました。
えいとさんは　何まい　切手を　もって　いますか。〔25点〕

【しき】

答え（　　　　　）

3 でん車に　75人　のって　いました。つぎの　えきで
28人　おり、16人　のりました。でん車に　のって
いる　人は　何人に　なりましたか。　〔25点〕

【しき】

答え（　　　　　）

4 りんごが　65こ　ありました。18こ　となりへ
あげました。9こは　家で　食べました。
何こ　のこって　いますか。　〔25点〕

【しき】

答え（　　　　　）

答えは
64ページ

長さ ①

／100点

1 □に あう たんいを 書きましょう。　1つ20〔40点〕

❶ センチメートルは 長さの たんいで、

□ と 書きます。

❷ 1cmを 同じ 長さに 10に 分けた 1つ分の

長さを 1ミリメートルと いい、1□ と 書きます。

2 下の ように、12cmと 10cmの テープを
つなげました。何cmに なりますか。　〔20点〕

12cm	10cm

【しき】 □cm+ □cm= □cm　　答え □cm

3 あつさ 4mmの 本と 5mmの 本を かさねると
何mmに なりますか。　〔20点〕

【しき】 □mm+ □mm= □mm　　答え □mm

4 3cm7mmの あつさの いたを けずったら
3cm5mmの あつさに なりました。
何mm けずりましたか。　〔20点〕

【しき】 □cm □mm− □cm □mm= □mm

答え □mm

かくにん 5　長さ ①

1 右の　図を　見て　答えましょう。　　1つ10〔30点〕

1cm

❶　1cmは、小さく　いくつに　分けて
ありますか。

（　　　　　　　　）

❷　いちばん　小さい　めもり
1つ分の　長さは　どれだけですか。

（　　　　　　　　）

❸　赤い　線の　長さは
どれだけですか。

（　　　　　　　　）

2 30cmの　ものさしを　水の　中に
入れたら、10cmの　ところまで
ぬれました。ぬれて　いない
ところは　何cm　ありますか。　〔20点〕

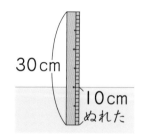
30cm
10cm
ぬれた

【しき】

答え（　　　　　　　　）

3 5cm6mmの　赤い　リボンと
3cm2mmの　青い　リボンが　あります。　1つ25〔50点〕

❶　あわせた　長さは　何cm何mm ですか。

【しき】

答え（　　　　　　　　）

❷　長さの　ちがいは　何cm何mm ですか。

【しき】

答え（　　　　　　　　）

答えは
64ページ

何十の　たし算と　ひき算 ②

/100点

1 □に　あう　数を　書きましょう。　　　1つ10〔40点〕

① えんぴつ　50本と　80本は　あわせて □ 本

② あめ　30ことと　90こは　あわせて □ こ

③ 70円と　60円は　あわせて □ 円

④ みかん　40ことと　70こは　あわせて □ こ

2 ちがいは　いくつですか。　　　1つ10〔40点〕

① 170円と90円 □ 円　② 120こと60こ □ こ

③ 150本と70本 □ 本　④ 110まいと40まい □ まい

3 本を　きのう　90ページ、今日　40ページ
読みました。あわせて　何ページ　読みましたか。　〔10点〕
【しき】

答え（　　　　　　　）

4 さくらんぼを　180こ　とりました。今日　90こ
食べました。のこった　さくらんぼの　数は　何こですか。
【しき】　　　　　　　　　　　　　　　〔10点〕

答え（　　　　　　　）

何十の　たし算と　ひき算 ②

／100点

1 みさきさんは　おはじきを　90こ　もって　いました。
今日　20こ　買いました。
あわせて　何こに　なりましたか。　　　〔25点〕

【しき】

答え（　　　　　　　）

2 130人の　人が　いました。会が　おわって、
50人　帰りました。何人　のこって　いますか。　〔25点〕

【しき】

答え（　　　　　　　）

3 しょうたさんは　花の　たねを　きのう　80つぶ、
今日　70つぶ　まきました。
ぜんぶで　何つぶ　まきましたか。　　　〔25点〕

【しき】

答え（　　　　　　　）

4 160ページの　本を　80ページ　読みました。
読んで　いない　ページは　何ページですか。　〔25点〕

【しき】

答え（　　　　　　　）

答えは
64ページ

計算の　じゅんじょ

／100点

1 □に　あう　ことばを　書きましょう。　　1つ10〔20点〕

① 2つの　数の　たし算で、たされる数と □ を

入れかえても　答えは　同じに　なります。

② たし算では、たす　じゅんじょを　かえても、

答えは □ に　なります。

2 □に　あう　数を　書きましょう。　　1つ20〔60点〕

① 33+10+40の　答えは □ +(10+40)の

答えと　同じです。答えは □ に　なります。

② 18+24+36の　答えは □ +(24+36)の

答えと　同じです。答えは □ に　なります。

③ 49+ □ +17の　答えは　49+(23+17)の

答えと　同じです。答えは □ に　なります。

3 白い　花が　37本、赤い　花が　24本、

青い　花が　6本　さいて　います。

ぜんぶで　何本　さいて　いますか。　　〔20点〕

【しき】

答え（　　　　　　　）

答えは
65ページ

かくにん 7

計算の　じゅんじょ

10分

／100点

1 □に　あう　数を　書きましょう。　　　1つ20〔40点〕

❶　28+66の　答えは □ +28の　答えと
同じです。

❷　(35+17)+23の　答えは □ +(17+23)の

答えと　同じです。答えは　75に　なります。

2 きのう　あおいさんは、17円の　リボンと　41円の
ノートを　買いました。今日、19円の　下じきを
買いました。ぜんぶで　いくら　つかいましたか。　　〔20点〕

【しき】

答え（　　　　　　　　）

3 ゆうとさんは、1日目に　15ページ、2日目に
26ページ、3日目に　14ページ　本を　読みました。
3日間で　何ページ　読みましたか。　　〔20点〕

【しき】

答え（　　　　　　　　）

4 公園に　18人　いました。そこに　おとなが　9人、
子どもが　11人　来ました。
ぜんぶで　何人に　なりましたか。　　〔20点〕

【しき】

答え（　　　　　　　　）

答えは
65ページ

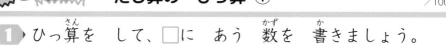

百のくらいに くり上がる たし算の ひっ算 ①

1 ひっ算を して、□に あう 数を 書きましょう。

1つ25〔50点〕

❶　ひなさんは おはじきを 66こ
もって いました。お姉さんから 53こ
もらいました。あわせて 何こですか。

【しき】 □ ＋ □ ＝ □　　答え □ こ

【ひっ算】

```
  [ ][ ][ ]
+ [ ][ ]
----------
```

❷　かいとさんの 学校で、犬を かって
いる 人は 57人、ねこを かって いる
人は 58人です。あわせて 何人ですか。

【しき】 □ ＋ □ ＝ □　　答え □ 人

【ひっ算】

```
  [ ][ ][ ]
+ [ ][ ]
----------
```

2 れなさんは きのう あきかんを 61こ
ひろいました。今日は 48こ ひろいまし
た。あわせて 何こ ひろいましたか。〔25点〕

【しき】

答え（　　　　　　　）

【ひっ算】

```
  [ ][ ][ ]
+ [ ][ ]
----------
```

3 78円の ドーナツと
95円の ジャムパンを 買いました。
あわせて いくらですか。〔25点〕

【しき】

答え（　　　　　　　）

【ひっ算】

```
  [ ][ ][ ]
+ [ ][ ]
----------
```

かくにん 8

百のくらいに　くり上がる
たし算の　ひっ算 ①

／100点

1 やまとさんの　学校には　１年生が　74人、
2年生が　83人　います。あわせて　何人ですか。〔25点〕
【しき】

答え（　　　　　　　）

2 えきの　売店で、ガムが　きのう
58こ、今日　63こ　売れました。
あわせて　何こ　売れましたか。〔25点〕
【しき】

答え（　　　　　　　）

3 いちごが　きのうは　87こ、今日は　39こ
とれました。あわせて　何こ　とれましたか。〔25点〕
【しき】

答え（　　　　　　　）

4 赤い　花が　54本、黄色い　花が　46本　さいて
います。ぜんぶで　何本　さいて　いますか。〔25点〕
【しき】

答え（　　　　　　　）

答えは
65ページ

 月 日

百のくらいに くり上がる たし算の ひっ算 ②

 ／100点

1 右の ひっ算を して、
□に あう 数を 書きましょう。

1つ25〔50点〕

① おり紙で つるを 94羽 おりました。
あとから また 7羽 おりました。
ぜんぶで 何羽 おりましたか。

【ひっ算】

【しき】 □ + □ = □ 答え □ 羽

```
  [ ]
+ [ ]
─────
```

② そらさんは ふなを 8ひき、
お父さんは 95ひき つりました。
ぜんぶで 何びき つりましたか。

【ひっ算】

【しき】 □ + □ = □ 答え □ びき

```
  [ ]
+ [ ]
─────
```

2 みゆさんは シールを 92まい もって
いました。お兄さんから 9まい
もらいました。ぜんぶで 何まいですか。〔25点〕

【しき】

答え（　　　　　　　）

【ひっ算】

```
  [ ]
+ [ ]
─────
```

3 ちゅうりん場に バイクが 4台、
自てん車が 99台 とまって います。
ぜんぶで 何台ですか。 〔25点〕

【しき】

答え（　　　　　　　）

【ひっ算】

```
  [ ]
+ [ ]
─────
```

百のくらいに　くり上がる たし算の　ひっ算 ②

／100点

1 ゆうなさんは　おはじきを　93こ　もって　きました。
みおさんは　8こ　もって　きました。
おはじきは　ぜんぶで　何こに　なりましたか。〔25点〕

【しき】

答え（　　　　　　　）

2 そらさんは　ゲームで　1回目は　9点、2回目は
97点　とりました。あわせて　何点　とりましたか。

【しき】〔25点〕

答え（　　　　　　　）

3 はるかさんは　きのうまでの　1週間で　本を
98ページ　読みました。今日は　6ページ　読みました。
あわせて　何ページ　読みましたか。〔25点〕

【しき】

答え（　　　　　　　）

4 9円の　あめと
96円の　チョコレートを　買います。
あわせて　いくらですか。〔25点〕

【しき】

答え（　　　　　　　）

答えは
65ページ

3けたの　数の　たし算の　ひっ算

／100点

1 右の　ひっ算を　して、
□に　あう　数を　書きましょう。

1つ25〔50点〕

❶　ゆうさんは　123円の　クッキーと
64円の　あめを　買いました。
何円　はらいましたか。

【しき】 □ ＋ □ ＝ □　答え □ 円

【ひっ算】

❷　びんが　55本　ならんで　います。
まだ、はこの　中に　217本　あります。
びんは　ぜんぶで　何本ですか。

【しき】 □ ＋ □ ＝ □　答え □ 本

【ひっ算】

2 広場に　自てん車が　456台　おいて
ありました。あとから　7台　きました。
ぜんぶで　何台　ありますか。　〔25点〕

【しき】

答え（　　　　　　　）

【ひっ算】

3 ひかるさんは　切手を　9まい　もって
います。お兄さんから　346まい
もらうと、ぜんぶで　何まいですか。　〔25点〕

【しき】

答え（　　　　　　　）

【ひっ算】

月　日

3けたの　数の　たし算の　ひっ算

／100点

1 220円の　スケッチブックと　45円の　えんぴつけずりを　買_かいます。あわせて　いくらですか。　〔25点〕

【しき】

220円　　45円

答_{こた}え（　　　　　　）

2 1ますに　1字ずつ　かん字を　書_かきました。今_{いま}までに　65字　書きました。まだ　115ます　のこっています。ぜんぶで　ますは　何_{なん}ます　ありますか。　〔25点〕

友	外	生	下	空	百	山
声	女	赤	雨	光	花	木
円	友	白	人	時	春	口
学	先	出	間	見	東	何

【しき】

答え（　　　　　　）

3 牛_{ぎゅう}にゅうが　567本　あります。
あと　9本　あれば　子どもと　同_{おな}じ　数_{かず}に　なります。
子どもの　数は　何人ですか。　〔25点〕

【しき】

答え（　　　　　　）

4 でん車が　つきました。6人　おりました。
まだ　中に　325人　のって　います。
でん車に　のって　いたのは、何人ですか。　〔25点〕

【しき】

答え（　　　　　　）

答えは
66ページ

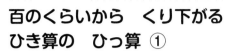

1 右の　ひっ算を　して、
□に　あう　数を　書きましょう。

1つ25〔50点〕

① かいとさんは　切手を　158まい、
弟は　76まい　あつめました。
ちがいは　何まいですか。

【しき】　□　−　□　=　□　　答え　□　まい

【ひっ算】

② 体いくかんに　いすが　74こ
あります。子どもは　132人　います。
すわれないのは　何人ですか。

【しき】　□　−　□　=　□　　答え　□　人

【ひっ算】

2 牛が　179頭、ひつじが　83頭
います。ちがいは　何頭ですか。　〔25点〕

【しき】

答え（　　　　　）

【ひっ算】

3 ミニトマトが　115こ　ありました。
そのうち　26こ　つかいました。
のこりは　何こですか。　〔25点〕

【しき】

答え（　　　　　）

【ひっ算】

百のくらいから　くり下がる
ひき算の　ひっ算 ①

／100点

1 りくさんは　おり紙を　147まい　もって　いました。
そのうち、56まい　つかって　つるを　おりました。
おり紙は　何まい　のこって　いますか。　〔25てん〕

【しき】

答え（　　　　　　　）

2 まおさんは　なわとびを　今日は　152回　つづけて
とべました。きのうは　89回でした。
今日は　きのうより　何回　多く　とべましたか。　〔25点〕

【しき】

答え（　　　　　　　）

3 体いくかんに　おとなが　136人、
子どもが　91人　います。
ちがいは　何人ですか。　〔25点〕

【しき】

答え（　　　　　　　）

4 えんぴつが　168本　ありました。そのうち　69本
くばりました。のこりは　何本ですか。　〔25点〕

【しき】

答え（　　　　　　　）

答えは
66ページ

きほん 12

百のくらいから くり下がる ひき算の ひっ算 ②

／100点

10分

1 右の ひっ算を して、
□に あう 数を 書きましょう。

1つ25〔50点〕

❶ さいふに 106円 入って いました。
あめを 買って、59円 はらいました。
いくら のこって いますか。

【しき】 □ − □ = □　　答え □ 円

【ひっ算】

❷ はこの 中に みかんが 103こ
入って いました。そのうち 7こ
食べました。のこりは 何こですか。

【しき】 □ − □ = □　　答え □ こ

【ひっ算】

2 池に かもが 107羽、白鳥が 38羽
います。ちがいは 何羽ですか。　　〔25点〕

【しき】

答え（　　　　　）

【ひっ算】

3 カードを 101まい もって いました。
弟に 5まい あげました。
何まい のこって いますか。　　〔25点〕

【しき】

答え（　　　　　）

【ひっ算】

答えは
66ページ

月　日　⏱10分

百のくらいから　くり下がる
ひき算の　ひっ算 ②

／100点

1 はるとさんの　学校の　6年生は　104人、
2年生は　96人です。ちがいは　何人ですか。〔25点〕

【しき】

答え（　　　　　　　　）

2 ドリルに　計算が　102だい　のって　います。
きのうまでに　8だい　しました。
まだ　して　いない　計算は　何だい　ありますか。〔25点〕

【しき】

答え（　　　　　　　　）

3 はるきさんは　なわとびを　108回　とびました。
妹は　29回　とびました。ちがいは　何回ですか。〔25点〕

【しき】

答え（　　　　　　　　）

4 お店に　ぬいぐるみが　105こ　ありました。
そのうち　7こ　売れました。のこりは　何こですか。〔25点〕

【しき】

答え（　　　　　　　　）

答えは
66ページ

3けたの　数の　ひき算の　ひっ算

／100点

1 右の　ひっ算を　して、
□に　あう　数を　書きましょう。

1つ25〔50点〕

① 255円　もって　いました。
41円の　ノートを　1さつ
買いました。何円　のこって　いますか。

【しき】 □ － □ ＝ □ 　答え □ 円

【ひっ算】

② お店に　ボールペンが　350本
ありました。27本　売れました。
何本　のこって　いますか。

【しき】 □ － □ ＝ □ 　答え □ 本

【ひっ算】

2 ななみさんは　色紙を　429まい
もって　いました。妹に　8まい
あげました。のこりは　何まいですか。〔25点〕

【しき】

答え（　　　　　　　）

【ひっ算】

3 バスが　532台　とまって　いました。
そのうち　6台が　出て　いきました。
のこりは　何台ですか。　〔25点〕

【しき】

答え（　　　　　　　）

【ひっ算】

答えは
67ページ

月　日

10分

3けたの　数の　ひき算の　ひっ算

／100点

1 肉と　たまごを　買ったら　786円でした。
たまごは　62円です。肉の　ねだんは　何円ですか。

【しき】　　　　　　　　　　　　　　　　　　　　　〔25点〕

答え（　　　　　　　　）

2 ジュースが　672本　あります。
何本か　はこに　入れたら　23本　のこりました。
はこには　何本　入れましたか。　　　　　　　〔25点〕

【しき】

答え（　　　　　　　　）

3 でん車に　468人　のって　います。そのうち
7人が　子どもです。おとなは　何人　いますか。　〔25点〕

【しき】

答え（　　　　　　　　）

4 トラックに　にもつを　とちゅうで　8こ　のせたので、
ぜんぶで　286こに　なりました。
はじめに　にもつは　何こ　ありましたか。　　〔25点〕

【しき】

答え（　　　　　　　　）

答えは
67ページ

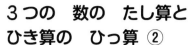

3つの　数の　たし算と ひき算の　ひっ算 ②

月　日　10分

／100点

1 27円の　あめと　48円の チョコレートと　85円の　ガムを 買いました。ぜんぶで　何円に なりますか。〔25点〕

【しき】 □ + □ + □ = □　答え □ 円

〔ひっ算〕

```
    2 7
+
────────
```

2 113本の　えんぴつが あります。お兄さんに 25本、お姉さんに　27本 あげました。 のこりは　何本ですか。〔25点〕

【ひっ算】

【しき】 □ - □ - □ = □　答え □ 本

3 すずめが　73羽　いました。そこに　39羽　とんで きて、そのあと　27羽　とんで　きました。 今は　ぜんぶで　何羽　いますか。〔25点〕

【しき】

答え（　　　　　）

4 128ページ　ある　本を　きのうは　35ページ、今日 は　24ページ　読みました。のこりは　何ページですか。

【しき】〔25点〕

答え（　　　　　）

答えは 67ページ

3つの 数の たし算と ひき算の ひっ算 ②

/100点

1 赤い 色紙が 40まい、青い 色紙が 55まい、
白い 色紙が 88まい あります。
色紙は ぜんぶで 何まい ありますか。 〔25点〕

【しき】

答え（　　　　　　　）

2 こまと トランプを 買って、
180円 出しました。
おつりは 何円ですか。 〔25点〕

95円 80円

【しき】

答え（　　　　　　　）

3 シールを 57まい もって いました。お兄さんから
34まい、お姉さんから 28まい もらいました。
あわせて 何まいに なりましたか。 〔25点〕

【しき】

答え（　　　　　　　）

4 おり紙が 174まい ありました。きのう 92まい
つかいました。今日 65まい つかいました。
おり紙は 何まい のこって いますか。 〔25点〕

【しき】

答え（　　　　　　　）

答えは
67ページ

3つの 数の たし算と ひき算の ひっ算 ③

／100点

1 校ていで 子どもが 84人 あそんで いました。37人 やって きて 19人 帰りました。 子どもは 何人ですか。〔25点〕

【ひっ算】

```
    8 4
  +        →  -
```

【しき】 □ + □ - □ = □   答え □ 人

2 143この クリップが ありました。弟に 52こ あげて 友だちから 40こ もらいました。今は ぜんぶで 何こ ありますか。〔25点〕

【ひっ算】

```
    1 4 3
  -        →  +
```

【しき】 □ - □ + □ = □   答え □ こ

3 図書室に 本が 75さつ ありました。 36さつ へんきゃくされて 24さつ かし出しました。 今は 何さつ ありますか。〔25点〕

【しき】

答え（   ）

4 ゆうとさんは 150円 もって 82円の 画用紙を 買った 後、お母さんに 50円 もらいました。 ゆうとさんは 何円 もって いますか。〔25点〕

【しき】

答え（   ）

3つの　数の　たし算と ひき算の　ひっ算 ③

／100点

1　ちゅう車場に　自どう車が　43台　とまって　いました。68台　入って　きて、41台　出て　いきました。今は　ぜんぶで　何台　とまって　いますか。〔25てん〕

【しき】

答え（　　　　　　　　　）

2　でん車に　144人　のって　いました。つぎの　えきで　58人　おり、その　つぎの　えきで　21人　のりました。のって　いる　人は　何人ですか。〔25点〕

【しき】

答え（　　　　　　　　　）

3　おり紙を　58まい　もって　いました。そのあと　お母さんから　74まい　もらい、妹に　65まい　あげました。今は　ぜんぶで　何まい　もって　いますか。〔25点〕

【しき】

答え（　　　　　　　　　）

4　池に　かもが　123羽　いました。32羽　とんで　いった　後、25羽　とんで　きました。かもは　ぜんぶで　何羽　いますか。〔25点〕

【しき】

答え（　　　　　　　　　）

答えは
68ページ

かさ

 ／100点

1 □に あう たんいを 書きましょう。 □1つ5〔25点〕

デシリットルは、かさの たんいで、□ と 書きます。

また、リットルは □ 、ミリリットルは □ と

書きます。1L=10□ 、1L=1000□ です。

2 水とうに 1dL ますで ちょうど 5はい 水が
入りました。この 水とうに 入る 水の かさは
何dL ですか。 〔25点〕

( )

3 ジュースが 20L ありました。今日 8L
くばりました。あと どれだけ のこって いますか。〔25点〕

【しき】 □L−□L=□L

答え □L

4 100mL の ますで 12はい
入る 水とうが あります。この
水とうは 何L何dL の 水が
入りますか。 〔25点〕

( )

かさ

／100点

1 右の ボウルには 8dL、左の
カップには 2dL の 水が 入って
います。あわせて 何dL ですか。
また、何L ですか。　1つ10〔20点〕

（　　　　　dL）　（　　　　　L）

2 水が バケツに 1L5dL、びんに
4dL 入って います。　1つ20〔40点〕

❶ あわせて 何L何dL ですか。

（　　　　　）

❷ ちがいは 何L何dL ですか。

（　　　　　）

3 水が せんめんきに 1L3dL、
ポットに 2L6dL 入って います。

1つ20〔40点〕

❶ あわせて 何L何dL ですか。

（　　　　　）

❷ 水は、どちらが どれだけ 多く 入って いますか。

（　　　　　）

答えは
68ページ

かけ算の　しき

／100点

1 ▶ 1ふくろに　あめが　5こずつ　入って　います。
つぎの　とき、あめの　数を　もとめる　しきを
書きましょう。
1つ15〔30点〕

❶　6ふくろ

5×□

❷　9ふくろ

□×□

2 ▶ □に　あう　数を　書きましょう。
1つ15〔30点〕

❶　3×□　の　答えと　3+3+3+3の　答えは
同じに　なります。

❷　□×5の　答えと　2+2+2+2+2の　答えは
同じに　なります。

3 ▶ 1はこに　4こずつ　チョコレートが　入って　います。
3はこでは、チョコレートは　何こに　なりますか。1つ20〔40点〕

❶　かけ算の　しきに　書きましょう。

□×□

❷　たし算で　答えを　もとめましょう。
【しき】

答え（　　　　　　　　）

答えは
68ページ

かくにん 17 かけ算の しき

1 1さらに みかんが 3こずつ のって います。
つぎの とき、みかんの 数を もとめる しきを
書きましょう。

1つ15〔30点〕

❶ 5さら ☐ × ☐　　❷ 8さら ☐ × ☐

2 ☐に あう 数を 書きましょう。 1つ15〔30点〕

❶ 4× ☐ の 答えと 4+ ☐ + ☐ + ☐ + ☐

の 答えは 同じに なります。答えは ☐ です。

❷ ☐ ×4の 答えと 7+7+7+7の 答えは

同じに なります。答えは ☐ です。

3 1パックに 6こずつ たまごが 入って います。
7パックでは、たまごは 何こに なりますか。 1つ20〔40点〕

❶ かけ算の しきに 書きましょう。

☐ × ☐

❷ たし算で 答えを もとめましょう。

【しき】

答え（　　　　　）

答えは
68ページ

月　日

10分

5、2のだんの　九九

／100点

1 花びらは　ぜんぶで　何まい　ありますか。　〔25点〕

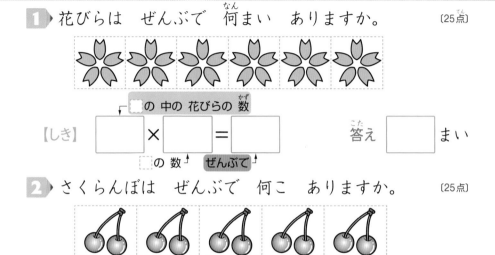

□の 中の 花びらの 数

【しき】 [　] × [　] = [　]　　答え [　] まい

□の 数　　ぜんぶで

2 さくらんぼは　ぜんぶで　何こ　ありますか。　〔25点〕

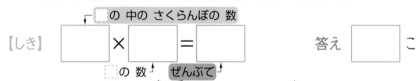

□の 中の さくらんぼの 数

【しき】 [　] × [　] = [　]　　答え [　] こ

□の 数　　ぜんぶで

3 1まい　5円の　切手を　8まい　買います。
ぜんぶで　いくら　はらえば　よいですか。　〔25点〕

【しき】

答え（　　　　　　　）

4 2cmの　テープを　8本　つくろうと　思います。
テープは　何cm　あれば　よいですか。　〔25点〕

【しき】

答え（　　　　　　　）

5、2のだんの　九九

／100点

1 １はこに　５こずつ　入った　あめを　２はこ
買いました。あめは　ぜんぶで　何こ　ありますか。〔25点〕
【しき】

答え（　　　　　　　　）

2 自てん車が　９台　あります。タイヤの　数は
ぜんぶで　何本ですか。　　　　　〔25点〕
【しき】

答え（　　　　　　　　）

3 みゆさんの　クラスで　５人ずつの　はんを
つくったら、はんが　７つ　できました。
みゆさんの　クラスは　ぜんぶで　何人ですか。　　〔25点〕
【しき】

答え（　　　　　　　　）

4 みかんを　１人に　２こずつ、４人に　くばりました。
みかんは　何こ　くばりましたか。　　　　〔25点〕
【しき】

答え（　　　　　　　　）

答えは
69ページ

3、4のだんの　九九

1 だんごは　ぜんぶで　何こ　ありますか。〔25点〕

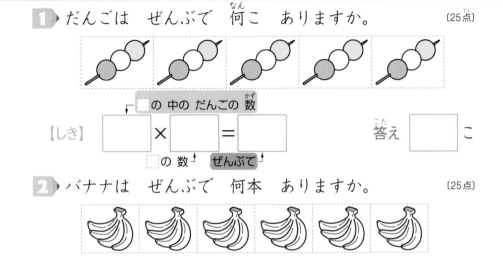

┌─ □の 中の だんごの 数

【しき】　□　×　□　＝　□　　　答え　□　こ

　　　□の 数↑　　ぜんぶで↑

2 バナナは　ぜんぶで　何本　ありますか。〔25点〕

┌─ □の 中の バナナの 数

【しき】　□　×　□　＝　□　　　答え　□　本

　　　□の 数↑　　ぜんぶで↑

3 あめを　１人に　３こずつ、８人に　くばりました。
あめは　何こ　ありましたか。〔25点〕

【しき】

答え（　　　　　　）

4 かけっこで　１組　４人ずつ　走ります。
９組　走りました。ぜんぶで　何人　走りましたか。〔25点〕

【しき】

答え（　　　　　　）

3、4のだんの　九九

／100点

1 ふくろが　7つ　あります。1つの　ふくろに
3こずつ　くりを　入れます。くりは　何こ　いりますか。
【しき】　　　　　　　　　　　　　　　　　　　　〔25点〕

答え（　　　　　　　　）

2 カードを　1人に　4まいずつ　くばります。
8人に　くばるには、カードは　何まい　いりますか。〔25点〕
【しき】

答え（　　　　　　　　）

3 テープを　3cm ずつに　切りわけたら、3本に
なりました。テープは　何cm　ありましたか。　　〔25点〕
【しき】

答え（　　　　　　　　）

4 ライオンが　4頭　います。
足の　数は　ぜんぶで　何本ですか。〔25点〕
【しき】

答え（　　　　　　　　）

答えは
69ページ

かけられる数と　かける数

／100点

1 □に　あう　数や　ことばを　書きましょう。 1つ15〔30点〕

● 3×8の　しきで、3を 　　　　　　 と　いい、

8を 　　　　　　 と　いいます。

❷ □×□の　しきで、5を　かけられる数と

いい、9を　かける数と　いいます。

2 □に　あう　数を　書きましょう。 1つ15〔30点〕

● 2×7の　かける数が　1　ふえると、

答えは □　ふえて、□に　なります。

❷ □×5の　かける数が　1　ふえると、

答えは　4　ふえて、□に　なります。

3 ケーキを　1人に　2こずつ　くばります。 1つ20〔40点〕

● 4人に　くばるには　何こ　いりますか。

【しき】

答え（　　　　　　　）

❷ 1人　ふえて、5人に　くばる　ことに　なりました。
ケーキは　あと　何こ　いりますか。

あと □こ

答えは
69ページ

月　日

10分

かけられる数と　かける数

／100点

1 □に　あう　数や　ことばを　書きましょう。　1つ15〔30点〕

❶　4×□　の　しきで、□を　かけられる数と

いい、3を　□□□　と　いいます。

❷　□×9の　しきで、2を　□□□　と

いい、□を　かける数と　いいます。

2 □に　あう　数を　書きましょう。　1つ15〔30点〕

❶　3×6の　かける数が　□　ふえると、

答えは　3　ふえて、□に　なります。

❷　□×7の　かける数が　１　ふえると、

答えは　5　ふえて、□に　なります。

3 4本パックの　電池を　6パック　買います。　1つ20〔40点〕

❶　電池は　ぜんぶで　何本に　なりますか。

【しき】

答え（　　　　　　　　）

❷　もう　１パック　買うと、何本
ふえますか。また、ぜんぶで
何本に　なりますか。

ふえる　□本

ぜんぶで　□本

答えは
69ページ

6、7のだんの 九九

／100点

1 本は ぜんぶで 何さつ ありますか。 〔25点〕

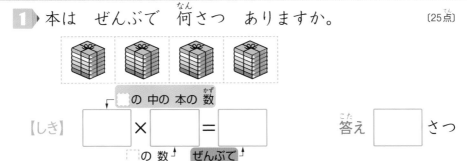

┌ ☐の 中の 本の 数

【しき】 ☐ × ☐ = ☐   答え ☐ さつ

└ ☐の 数┘ └ ぜんぶで┘

2 どんぐりは ぜんぶで 何こ ありますか。 〔25点〕

┌ ☐の 中の どんぐりの 数

【しき】 ☐ × ☐ = ☐   答え ☐ こ

└ ☐の 数┘ └ ぜんぶで┘

3 たたみを 6まい しいた へやが 3へや あります。
たたみは ぜんぶで 何まいですか。 〔25点〕

【しき】

答え（   ）

4 1はこに 7こずつ 入った ガムを 9はこ
買いました。ガムは ぜんぶで 何こ ありますか。 〔25点〕

【しき】

答え（   ）

答えは
69ページ

6、7のだんの　九九

1 ケーキが　6こずつ　入って　いる　はこが　5はこ
あります。ケーキは　ぜんぶで　何こ　ありますか。

【しき】　　　　　　　　　　　　〔25点〕

答え（　　　　　　　）

2 1日に　7ページずつ　本を　読みます。
4日では　何ページ　読めるでしょうか。　〔25点〕

【しき】

答え（　　　　　　　）

3 6人ずつの　組が　7つ　できました。
ぜんぶで　何人ですか。　〔25点〕

【しき】

答え（　　　　　　　）

4 ななほしてんとうは　黒い　もようが　7こ　あります。
この　てんとう虫が　8ひき　いると、
もようは　ぜんぶで　何こに　なりますか。　〔25点〕

【しき】

答え（　　　　　　　）

答えは
69ページ

8、9、1のだんの　九九

／100点

1 えんぴつは　ぜんぶで　何本　ありますか。〔25点〕

□の　中の　えんぴつの　数

【しき】 □ × □ = □　　　答え □ 本

□の　数　　ぜんぶで

2 ひまわりの　たねは　ぜんぶで　何こ　ありますか。

〔25点〕

□の　中の　たねの　数

【しき】 □ × □ = □　　　答え □ こ

□の　数　　ぜんぶで

3 わなげを　して　います。　わが　入ると　１点です。
点数を、かけ算で　もとめましょう。　　1つ25〔50点〕

❶　わが　３回　入ると　何点ですか。

【しき】

答え（　　　　　）

❷　わが　６回　入ると　何点ですか。

【しき】

答え（　　　　　）

かくにん
22

8、9、1のだんの　九九

10分

／100点

1 すいか　1こを　8人で　食べます。
すいかが　5こ　あると、何人で　食べられますか。〔25点〕

【しき】

答え（　　　　　　　）

2 9cmの　テープが　7本　あります。ぜんぶで
何cmの　長さに　なりますか。〔25点〕

【しき】

9cm

答え（　　　　　　　）

3 1つの　水そうに　金魚が　8ひき　います。
水そう　8つでは　金魚は　何びきに　なりますか。〔25点〕

【しき】

答え（　　　　　　　）

4 1円玉が　5まい　あります。
ぜんぶで　何円に　なりますか。〔25点〕

【しき】

答え（　　　　　　　）

答えは
69ページ

ばいと　かけ算
かけ算を　つかって

／100点

1 赤い　テープは　青い　テープの　何ばいですか。〔20点〕

☐ ばい

2 めいさんは　今年　7才、お父さんの　年れいは　めいさんの　5ばいです。お父さんは　今年　何才ですか。

【しき】　　　　　　　　　　　　　　　　　〔20点〕

答え（　　　　　　　　　）

3 ご石（●）の　数を　くふうして　もとめましょう。

1つ20〔60点〕

❶ 【しき】　2 × ☐ ＝4、3 × ☐ ＝ ☐

4 ＋ ☐ ＝ ☐　　答え ☐ こ

❷ 【しき】　4 × ☐ ＝ ☐

答え ☐ こ

❸ 【しき】　5 × ☐ ＝ ☐ 、2 × 2 ＝ ☐

☐ － ☐ ＝ ☐　　答え ☐ こ

ばいと　かけ算
かけ算を　つかって

／100点

1 青い　テープは　赤い　テープの　何ばいですか。〔20点〕

（　　　　　　　）

2 はなさんは　ゲームで　8点　とりました。お兄さんは
はなさんの　3ばいの　点数を　とりました。
お兄さんは　何点　とりましたか。　〔20点〕

【しき】

答え（　　　　　　　）

3 ご石（●）の　数を　くふうして　もとめましょう。

1つ20〔60点〕

❶
【しき】

答え（　　　　　　　）

❷
【しき】

答え（　　　　　　　）

❸
【しき】

答え（　　　　　　　）

九九の きまり

／100点

1 □に あう ことばを 書きましょう。　　　1つ10〔20点〕

❶　かける数が １ ふえると、

答えは [　　　　　　] だけ ふえます。

❷　かけられる数と　かける数を　入れかえて

計算しても、答えは [　　　　] に なります。

2 □に あう 数を 書きましょう。　　　1つ10〔20点〕

❶　4×7と [　] ×4は 答えが 同じに なります。

❷　[　] ×5と 5×3は 答えが 同じに なります。

3 なしを １人に ３こずつ くばります。

□に あう 数を 書きましょう。　　　□1つ15〔60点〕

●　９人に くばるには [　] こ いります。

●　１人 ふえて、10人に くばることに なりました。

なしは、あと [　] こ いるので、

ぜんぶで [　] こ いります。

●　さらに、1人 ふえて、11人に くばることに

なりました。なしは、ぜんぶで [　] こ いります。

答えは
70ページ

九九の　きまり

10分

／100点

1 □に　あう　数を　書きましょう。　　　　1つ10〔20点〕

❶　7×9の　かける数が　1　ふえると、答えは　　　□　　　ふえて、□に　なります。

❷　□×9と　9×8は　答えが　同じに　なります。

2 答えが　18に　なる　九九を　4つ　書きましょう。

1つ5〔20点〕

(　　　　　)(　　　　　)(　　　　　)(　　　　　)

3 1ふくろに　6こずつ　入った　くりを　買います。

1つ20〔60点〕

❶　9ふくろ　買うと　ぜんぶで　何こに　なりますか。
【しき】

答え(　　　　　)

❷　10ふくろ　買うと　ぜんぶで　何こに　なりますか。
【しき】

答え(　　　　　)

❸　12ふくろ　買うと　ぜんぶで　何こに　なりますか。
【しき】

答え(　　　　　)

答えは
70ページ

1 □に あう たんいや 数を 書きましょう。 1つ10〔40点〕

① メートルは 長さの たんいで、 [　　] と 書きます。

② 1 [　　] を 同じ 長さに 100に 分けた

1つ分の 長さは 1cm です。100 [　　] ＝1m です。

③ 60cm の ひもと 70cm の ひもを あわせた

長さは、[　　] cm で、1m [　　] cm と あらわせます。

④ 1m20cm の テープは、[　　] cm なので、50cm

の テープとの 長さの ちがいは [　　] cm です。

2 長さ 1m の ぼうを 84cm の 長さに するには
どれだけ 切りとれば よいですか。 〔30点〕

【しき】

答え（　　　　　　　　　）

3 リボンを 買いました。そのうち 5m40cm つかい
ました。まだ 2m10cm のこって います。買って
きた リボンは 何m何cm ですか。 〔30点〕

【しき】

答え（　　　　　　　　　）

答えは
70ページ

長さ ②

／100点

1 長さ 1m30cm の テープから 1m 切りとりました。
のこりの テープの 長さは 何cm ですか。〔25点〕

【しき】

答え（　　　　　　　　）

2 75cm の 台の 上に、80cm の
つくえを のせました。

80cm
75cm

❶ 下から つくえの 上までは
何cm ですか。また、それは 何m何cm ですか。〔30点〕

【しき】

答え（　　　　　　　）、（　　　　　　　）

❷ ❶の 答えは、1m より 何cm 長いですか。〔20点〕

【しき】

答え（　　　　　　　）

3 きりんの 体長は 4m80cm で、ぞうの 体長は
2m50cm です。きりんと ぞうの 体長の ちがいは
何m何cm ですか。〔25点〕

【しき】

答え（　　　　　　　）

答えは
70ページ

何百の たし算と ひき算

1 あわせると いくつですか。　　　　　　　　　1つ10〔30点〕

① 400円と 50円 ☐円

② 色紙 600まいと 400まい ☐まい

③ 子ども 200人と 6人 ☐人

2 ちがいは いくつですか。　　　　　　　　　　1つ10〔40点〕

① 300円と 200円 ☐円

② 405円と 5円 ☐円

③ 色紙 1000まいと 400まい ☐まい

④ ボール 180こと 80こ ☐こ

3 300円の ケーキを 買って、500円を 出しました。
おつりは いくらですか。　　　　　　　　　　〔15点〕

【しき】

答え（　　　　　　　）

4 自どう車が 300台 とまって いました。そこに 5台
入って きました。ぜんぶで 何台に なりましたか。〔15点〕

【しき】

答え（　　　　　　　）

答えは
71ページ

かくにん 26　何百の　たし算と　ひき算

／100点

1 ひろとさんは　切手を　500まい　もって　いました。
お兄さんから　700まい　もらいました。
ぜんぶで　何まいに　なりましたか。　〔25点〕

【しき】

答え（　　　　　　　　）

2 そうたさんは　なわとびを　1000回　とびました。
かのんさんは　800回　とびました。
ちがいは　何回ですか。　〔25点〕

【しき】

答え（　　　　　　　　）

3 りおさんは、300円の　おかしと　50円の
ジュースを　買いました。あわせて　何円ですか。　〔25点〕

【しき】

答え（　　　　　　　　）

4 おり紙が　209まい　ありました。そのうち　9まい
つかって　つるを　おりました。
おり紙は　何まい　のこって　いますか。　〔25点〕

【しき】

答え（　　　　　　　　）

答えは
71ページ

図を つかって 考えよう

1 公園に 子どもが いました。さっき
8人 帰ったので、今 24人 います。
帰る 前は 何人 いましたか。 〔30点〕

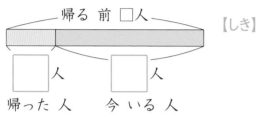

帰る 前 □人

□人　　□人
帰った 人　今 いる 人

【しき】

□ □ □ = □

＋と－の どちらでしょう。

答え □ 人

2 広場に 自てん車が おいて あります。あとから
16台 来たので、ぜんぶで 43台に なりました。
自てん車は はじめ 何台 ありましたか。 〔35点〕

ぜんぶで〔 〕台

はじめ □台　あとから
　　　　　　来た〔 〕台

【しき】

答え（　　　　　　）

3 ある 本を 48ページ 読みました。
ぜんぶで この 本は 64ページ あります。
のこりは 何ページですか。 〔35点〕

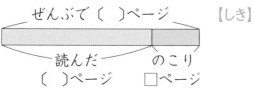

ぜんぶで〔 〕ページ

読んだ　　のこり
〔 〕ページ　□ページ

【しき】

答え（　　　　　　）

月　日

10分

図を　つかって　考えよう

／100点

1 みかんが　あります。となりへ　26こ
あげたので、のこりは　37こに
なりました。みかんは、はじめに　何こ
ありましたか。　〔30点〕

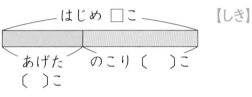

【しき】

答え（　　　　　）

2 シールを　56まい　もって　いました。
友だちに　何まいか　あげたので、36ま
いに　なりました。何まい　あげましたか。

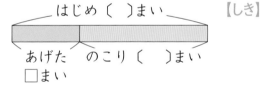

【しき】

〔35点〕

答え（　　　　　）

3 バスに　子どもが　18人　のって　いました。そこへ、
おとなが　何人か　のったので、ぜんぶで　41人に
なりました。おとなは　何人　のりましたか。　〔35点〕

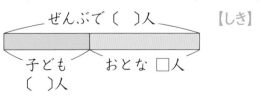

【しき】

答え（　　　　　）

答えは
71ページ

きほん 28 多い　少ない

10分

／100点

1 ▶ ゆづきさんは　なわとびを　59回　とびました。
ゆづきさんは　こはるさんより　6回　多く　とびました。
こはるさんは　何回　とびましたか。　〔25点〕

ゆづき	59回
こはる	（　）回

6回多い

【しき】 □ □ □ ＝ □

＋と　－の　どちらでしょう。

答え □ 回

2 ▶ 色紙を　お兄さんは　38まい、妹は
お兄さんより　8まい　多く　もって
います。妹は　何まい　もって　いますか。

【しき】　〔25点〕

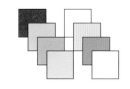

答え（　　　　　　　　　）

3 ▶ みかんがりで、ひろとさんは　35こ　とりました。
ひろとさんは　こうきさんより　13こ　少ないそうです。
こうきさんは　何こ　とりましたか。　〔25点〕

【しき】

答え（　　　　　　　　　）

4 ▶ 日本の　切手が　45まい　あります。
外国の　切手は　それより　16まい　少ないそうです。
外国の　切手は　何まいですか。　〔25点〕

【しき】

答え（　　　　　　　　　）

多い　少ない

／100点

1 お母さんは　今年　42才です。おばあさんは、
お母さんより　26才　年を　とって　います。
おばあさんは　何才ですか。　　　　　　　〔25点〕
【しき】

答え（　　　　　　　）

2 玉入れを　しました。赤い　玉が　37こ　入りました。
赤い　玉は　青い　玉より　13こ　多く　入りました。
青い　玉は　何こ　入りましたか。　　　　〔25点〕

| 赤 | 37こ | 【しき】 |
| 青 | （　）こ | |

13こ 多い

答え（　　　　　　　）

3 ショートケーキが　72こ　あります。
ショートケーキは　シュークリームより　14こ
少ないそうです。シュークリームは　何こですか。　〔25点〕
【しき】

答え（　　　　　　　）

4 テストで　はやとさんは　85点でした。だいちさんは
はやとさんより　18点　ひくかったそうです。
だいちさんは　何点でしたか。　　　　　　〔25点〕
【しき】

答え（　　　　　　　）

答えは
71ページ

力だめし ①

/100点

1 下の 絵は、どれも ぜんぶで 100円 あります。
かくしたのは 何円ですか。

1つ10〔30点〕

❶　　　　　　　　　　❷　　　　　　　　　　❸

（　　　　）　（　　　　）　（　　　　）

2 たまごを 6こずつ はこに 入れたら、4はこ でき
て、3こ あまりました。たまごは 何こ ありましたか。

【しき】

〔20点〕

答え（　　　　　　　）

3 水が 1L 入る かんが あります。
この かんに 3dLの 水が 入って
います。あと 何dL 入りますか。　〔25点〕

【しき】

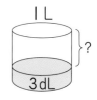

答え（　　　　　　　）

4 8人がけの いすが 7こ あります。子どもは
60人 います。すわれないのは 何人ですか。　〔25点〕

【しき】

答え（　　　　　　　）

答えは
71ページ

力だめし ②

 ／100点

1 □に あう 数を 書きましょう。　　　　1つ10〔30点〕

❶ えんぴつ 52本と 8本は あわせて □本

❷ みかん 25こと 13こは あわせて □こ

❸ あめ □ こと 4こは あわせて 100こ

2 みおさんは 1日に 4ページずつ 7日間、
るなさんは 6ページずつ 5日間、本を 読みました。
どちらが 何ページ 多く 読みましたか。　　〔20点〕

【しき】

答え（　　　　　　　　　　　　　　）

3 公園で 子どもが 76人 あそんで いました。
27人 帰りましたが、36人 やって きました。
今、公園に 子どもは 何人 いますか。　　〔25点〕

【しき】

答え（　　　　　　　　　　　　　　）

4 5cmの 白い テープが あります。
赤い テープは 白い テープの 9ばいの 長さです。
赤い テープは 何cm ありますか。　　〔25点〕

【しき】

答え（　　　　　　　　　　　　　　）

答えは
72ページ

力だめし ③

／100点

1 7人ずつ ならんだ れつが 8れつ あります。
ぜんぶで 何人 いますか。 〔20点〕

【しき】

答え（　　　　　　）

2 130から ある 数を ひくと 60に なります。
ある 数は いくつですか。 〔20点〕

【しき】

答え（　　　　　　）

3 ちひろさんは ビーズを 77こ もって いました。
ひまりさんから 23こ もらいました。
ビーズは、ぜんぶで 何こに なりましたか。 〔20点〕

【しき】

答え（　　　　　　）

4 5円の 切手 6まいと、3円の 切手 6まいでは、
あわせて いくらに なりますか。 〔20点〕

【しき】

答え（　　　　　　）

5 長さ 4m50cmの いたから 1m30cm 切りと
りました。のこりの いたの 長さは 何m何cm ですか。

【しき】 〔20点〕

答え（　　　　　　）

力だめし ④

／100点

1 ひろとさんと　こうたさんは　150円ずつ　もって
いました。ひろとさんは　74円の　ノートを、
こうたさんは　98円の　のりを　買いました。
2人の　のこりは　いくらですか。　　　　　1つ10〔20点〕

　　　　　　ひろと(　　　　　　　)　こうた(　　　　　　　)

2 答えが　12に　なる　九九を　ぜんぶ　書きましょう。

〔20点〕

(　　　　　　　　　　　　　　　　　　　　　　　　　)

3 下の　図のように、4mごとに　木が　5本　うえて
あります。左はしの　木から　右はしの　木まで　何m
はなれて　いますか。　　　　　　　　　　　　　　〔30点〕

【しき】

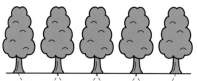

4m　4m　4m　4m

答え(　　　　　　　)

4 さくらさんは、きのうまでに　ドリルを　52ページ
ときました。今日、何ページか　といたので、ぜんぶで
62ページ　ときました。今日、何ページ　ときましたか。

【しき】　　　　　　　　　　　　　　　　　　　　　〔30点〕

答え(　　　　　　　)

答えは
72ページ

答え

1

1 ❶ 70　　　❷ 80

　　❸ 70　　　❹ 60

2 ❶ 20　　　❷ 10

　　❸ 30　　　❹ 20

3 60＋30＝90　　　答え 90 まい

4 50－30＝20　　　答え 20 円

★ ★ ★

1 30＋20＝50　　　答え 50 円

2 60－20＝40　　　答え 40 まい

3 50＋40＝90　　　答え 90 こ

4 90－70＝20　　　答え 20 円

2

1 （じゅんに）

　❶ 14、23、37、37

　❷ 19、32、51、51

2 21＋7＝28　　　答え 28 まい

3 8＋23＝31　　　答え 31 羽

【ひっ算】

1 ❶
```
  14
+23
  37
```
❷
```
  19
+32
  51
```

2
```
  21
+ 7
  28
```
3
```
   8
+23
  31
```

★ ★ ★

1 45＋43＝88　　　答え 88 人

2 35＋47＝82　　　答え 82 ひき

3 6＋42＝48　　　答え 48 ページ

4 28＋7＝35　　　答え 35 まい

3

1 （じゅんに）

　❶ 28、12、16、16

　❷ 33、14、19、19

2 38－7＝31

　　　　　　　答え 31 本

3 22－6＝16

　　　　　　　答え 16 まい

【ひっ算】

1 ❶
```
  28
-12
  16
```
❷
```
  33
-14
  19
```

2
```
  38
- 7
  31
```
3
```
  22
- 6
  16
```

★ ★ ★

1 68－32＝36　　　答え 36 こ

2 92－88＝4　　　答え 4 だん

3 28－5＝23　　　答え 23 羽

4 24－4＝20　　　答え 20 こ

4

9・10ページ

1 (じゅんに)
　18、25、36、79、79

2 (じゅんに)
　53、17、18、18、18

3 25＋14－21＝18

答え 18人

4 82－23＋17＝76

答え 76こ

【ひっ算】

1
```
   18
   25
 ＋36
   79
```

2
```
   53        36
 －17   →  －18
   36        18
```

★ ★ ★

1 17＋16＋9＝42　　答え 42こ

2 38＋18－27＝29

答え 29まい

3 75－28＋16＝63

答え 63人

4 65－18－9＝38

答え 38こ

5

11・12ページ

1 ❶ cm　　　❷ mm

2 (じゅんに)12、10、22、22

3 (じゅんに)4、5、9、9

4 (じゅんに)
　3、7、3、5、2、2

★ ★ ★

1 ❶ 10
　❷ 1mm
　❸ 8mm

2 30cm－10cm＝20cm

答え 20cm

3 ❶ 5cm6mm＋3cm2mm
　＝8cm8mm　答え 8cm8mm
　❷ 5cm6mm－3cm2mm
　＝2cm4mm　答え 2cm4mm

てびき **3** 同じ単位の数どうしで
計算します。

❶ 5cm6mm＋3cm2mm＝8cm8mm

❷ 5cm6mm－3cm2mm＝2cm4mm

6

13・14ページ

1 ❶ 130
　❷ 120
　❸ 130
　❹ 110

2 ❶ 80　　　　❷ 60
　❸ 80　　　　❹ 70

3 90＋40＝130

答え 130ページ

4 180－90＝90　　答え 90こ

★ ★ ★

1 90＋20＝110　　答え 110こ

2 130－50＝80　　答え 80人

3 80＋70＝150

答え 150つぶ

4 160－80＝80

答え 80ページ

7

15・16ページ

1 ❶ たす数
　❷ 同じ

2 （じゅんに）
　❶ 33、83
　❷ 18、78
　❸ 23、89

3 $37+24+6$
　$=37+(24+6)$
　$=37+30=67$　　答え 67本

★ ★ ★

1 ❶ 66
　❷ 35

2 $17+41+19$
　$=17+(41+19)$
　$=17+60=77$

　　　　　答え 77円

3 $15+26+14$
　$=15+(26+14)$
　$=15+40=55$

　　　　　答え 55 ページ

4 $18+9+11$
　$=18+(9+11)$
　$=18+20=38$　　答え 38 人

8

17・18ページ

1 （じゅんに）
　❶ 66、53、119、119
　❷ 57、58、115、115

2 $61+48=109$　答え 109 こ

3 $78+95=173$　答え 173 円

【ひっ算】

1 ❶ $\begin{array}{r}66\\+53\\\hline119\end{array}$　❷ $\begin{array}{r}57\\+58\\\hline115\end{array}$

2 $\begin{array}{r}61\\+48\\\hline109\end{array}$　3 $\begin{array}{r}78\\+95\\\hline173\end{array}$

★ ★ ★

1 $74+83=157$　答え 157人

2 $58+63=121$　答え 121 こ

3 $87+39=126$　答え 126 こ

4 $54+46=100$　答え 100 本

9

19・20ページ

1 （じゅんに）
　❶ 94、7、101、101
　❷ 8、95、103、103

2 $92+9=101$　答え 101 まい

3 $4+99=103$　答え 103 台

【ひっ算】

1 ❶ $\begin{array}{r}94\\+\ 7\\\hline101\end{array}$　❷ $\begin{array}{r}8\\+95\\\hline103\end{array}$

2 $\begin{array}{r}92\\+\ 9\\\hline101\end{array}$　3 $\begin{array}{r}4\\+99\\\hline103\end{array}$

てびき 筆算の数字は、位を揃えて書くように注意しましょう。

★ ★ ★

1 $93+8=101$　答え 101 こ

2 $9+97=106$　答え 106 点

3 $98+6=104$

　　　　　答え 104 ページ

4 $9+96=105$　答え 105 円

10

1 （じゅんに）

　❶ 123、64、187、187

　❷ 55、217、272、272

2 456＋7＝463

　　　　　　　答え 463 台

3 9＋346＝355

　　　　　　　答え 355 まい

【ひっ算】

　1 ❶　　123　❷　　 55
　　　　　＋ 64　　　＋217
　　　　　　187　　　　272

　2　　456　**3**　　　 9
　　　　＋　 7　　　　＋346
　　　　　463　　　　　355

★　★　★

1 220＋45＝265　答え 265 円

2 65＋115＝180　答え 180 ます

3 567＋9＝576　答え 576 人

4 6＋325＝331　答え 331 人

てびき たし算の数が大きくなって
も、計算のしかたは同じです。
　位を揃えて書き、くり上がった数
のたし忘れに注意しましょう。

11

1 （じゅんに）

　❶ 158、76、82、82

　❷ 132、74、58、58

2 179−83＝96　　答え 96 頭

3 115−26＝89　　答え 89 こ

【ひっ算】

1 ❶　　158　❷　　132
　　　　−　76　　　−　74
　　　　　 82　　　　 58

2　　179　**3**　　115
　　　−　83　　　−　26
　　　　 96　　　　 89

★　★　★

1 147−56＝91　答え 91 まい

2 152−89＝63　答え 63 回

3 136−91＝45　答え 45 人

4 168−69＝99　答え 99 本

12

1 （じゅんに）

　❶ 106、59、47、47

　❷ 103、7、96、96

2 107−38＝69

　　　　　　　答え 69 羽

3 101−5＝96

　　　　　　　答え 96 まい

【ひっ算】

1 ❶　　106　❷　　103
　　　　−　59　　　−　 7
　　　　　 47　　　　 96

2　　107　**3**　　101
　　　−　38　　　−　 5
　　　　 69　　　　 96

★　★　★

1 104−96＝8　　答え 8 人

2 102−8＝94　答え 94 だい

3 108−29＝79　答え 79 回

4 105−7＝98　答え 98 こ

1 （じゅんに）
　❶ 255、41、214、214
　❷ 350、27、323、323

2 429−8＝421

　　　　　答え **421** まい

3 532−6＝526

　　　　　答え **526** 台

【ひっ算】

1 ❶
```
  255
−  41
  214
```
❷
```
  350
−  27
  323
```

2
```
  429
−   8
  421
```
3
```
  532
−   6
  526
```

★　★　★

1 786−62＝724

　　　　　答え **724** 円

2 672−23＝649

　　　　　答え **649** 本

3 468−7＝461

　　　　　答え **461** 人

4 286−8＝278

　　　　　答え **278** こ

てびき ひき算の数が大きくなっても、計算のしかたは同じです。
　位を揃えて書き、くり下がったあとの数の計算ミスに注意しましょう。
　文章から式をつくるのが難しいときは、簡単な図をかいて整理をしてみると良いでしょう。

1 （じゅんに）
　27、48、85、160、160

2 （じゅんに）
　113、25、27、61、61

3 73＋39＋27＝139

　　　　　答え **139** 羽

4 128−35−24＝69

　　　　　答え **69** ページ

【ひっ算】

1
```
  27
  48
＋85
 160
```

2
```
  113        88
−  25  →  −27
   88        61
```

★　★　★

1 40＋55＋88＝183

　　　　　答え **183** まい

2 180−95−80＝5

　　　　　答え **5** 円

3 57＋34＋28＝119

　　　　　答え **119** まい

4 174−92−65＝17

　　　　　答え **17** まい

てびき ●＋▲＋■の計算は１つの筆算で計算できますが、●−▲−■や、このあとに出てくる●＋▲−■、●−▲＋■は筆算を２回に分けて計算しましょう。

15

1 （じゅんに）
84、37、19、102、102

2 （じゅんに）
143、52、40、131、131

3 75＋36−24＝87
答え **87 さつ**

4 150−82＋50＝118
答え **118 円**

【ひっ算】

1
$$\begin{array}{r} 84 \\ +37 \\ \hline 121 \end{array} \rightarrow \begin{array}{r} 121 \\ -\ 19 \\ \hline 102 \end{array}$$

2
$$\begin{array}{r} 143 \\ -\ 52 \\ \hline 91 \end{array} \rightarrow \begin{array}{r} 91 \\ +40 \\ \hline 131 \end{array}$$

★ ★ ★

1 43＋68−41＝70
答え **70 台**

2 144−58＋21＝107
答え **107 人**

3 58＋74−65＝67
答え **67 まい**

4 123−32＋25＝116
答え **116 羽**

16

1 （じゅんに）
dL、L、mL、dL、mL

2 5 dL

3 （じゅんに）20、8、12、12

4 1 L 2 dL

てびき **4** 100 mL＝1 dL だから、
100 mL のます 12 杯で 12 dL。
10 dL＝1 L だから、12 dL＝1 L 2 dL
です。

★ ★ ★

1 10（dL）、1（L）

2 ❶ 1 L 9 dL
❷ 1 L 1 dL

3 ❶ 3 L 9 dL
❷ ポットが 1 L 3 dL
多く 入って いる。

17

1 （じゅんに）
❶ 6
❷ 5、9

2 ❶ 4
❷ 2

3 （じゅんに） ❶ 4、3
❷ 4＋4＋4＝12 答え 12 こ

★ ★ ★

1 （じゅんに）
❶ 3、5
❷ 3、8

2 （じゅんに）
❶ 5、4、4、4、4、20
❷ 7、28

3 （じゅんに） ❶ 6、7
❷ 6＋6＋6＋6＋6＋6＋6
＝42 答え 42 こ

18

37・38ページ

1 ▶ (じゅんに) 5、6、30、30
2 ▶ (じゅんに) 2、5、10、10
3 ▶ 5×8=40 　　　答え 40 円
4 ▶ 2×8=16 　　　答え 16cm

★ ★ ★

1 ▶ 5×2=10 　　　答え 10 こ
2 ▶ 2×9=18 　　　答え 18 本
3 ▶ 5×7=35 　　　答え 35 人
4 ▶ 2×4=8 　　　答え 8 こ

19

39・40ページ

1 ▶ (じゅんに) 3、5、15、15
2 ▶ (じゅんに) 4、6、24、24
3 ▶ 3×8=24 　　　答え 24 こ
4 ▶ 4×9=36 　　　答え 36 人

★ ★ ★

1 ▶ 3×7=21 　　　答え 21 こ
2 ▶ 4×8=32 　　　答え 32 まい
3 ▶ 3×3=9 　　　答え 9 cm
4 ▶ 4×4=16 　　　答え 16 本

20

41・42ページ

1 ▶ (じゅんに)
　 ❶ かけられる数、かける数
　 ❷ 5、9
2 ▶ (じゅんに)
　 ❶ 2、16 　　 ❷ 4、24
3 ▶ ❶ 2×4=8 　　　答え 8 こ
　 ❷ 2

★ ★ ★

1 ▶ (じゅんに)
　 ❶ 3、4、かける数
　 ❷ 2、かけられる数、9
2 ▶ (じゅんに)
　 ❶ 1、21 　　 ❷ 5、40
3 ▶ (じゅんに)
　 ❶ 4×6=24 　　　答え 24 本
　 ❷ 4、28

21

43・44ページ

1 ▶ (じゅんに) 6、4、24、24
2 ▶ (じゅんに) 7、5、35、35
3 ▶ 6×3=18 　　　答え 18 まい
4 ▶ 7×9=63 　　　答え 63 こ

★ ★ ★

1 ▶ 6×5=30 　　　答え 30 こ
2 ▶ 7×4=28 　　　答え 28 ページ
3 ▶ 6×7=42 　　　答え 42 人
4 ▶ 7×8=56 　　　答え 56 こ

22

45・46ページ

1 ▶ (じゅんに) 8、4、32、32
2 ▶ (じゅんに) 9、5、45、45
3 ▶ ❶ 1×3=3 　　　答え 3 点
　 ❷ 1×6=6 　　　答え 6 点

★ ★ ★

1 ▶ 8×5=40 　　　答え 40 人
2 ▶ 9×7=63 　　　答え 63 cm
3 ▶ 8×8=64 　　　答え 64 ひき
4 ▶ 1×5=5 　　　答え 5 円

23

47・48ページ

1 6

2 7×5＝35　　　　　答え 35 才

3 （じゅんに）

　● 2、4、12、12、16、16

　❷ 4、16、16

　❸ 4、20、4、20、4、16、
　　 16

★ ★ ★

1 4 ばい

2 8×3＝24　　　　　答え 24 点

3 ● 3×2＝6、2×6＝12
　　 6＋12＝18　　　 答え 18 こ

　❷ 3×6＝18　　　　答え 18 こ

　❸ 5×6＝30、3×4＝12
　　 30−12＝18　　答え 18 こ

24

49・50ページ

1 ● かけられる数

　❷ 同じ

2 ● 7

　❷ 3

3 （じゅんに）

　● 27

　● 3、30

　● 33

★ ★ ★

1 （じゅんに）

　● 7、70

　❷ 8

2 2×9、3×6、6×3、9×2

3 ● 6×9＝54　　　　答え 54 こ

　❷ 54＋6＝60　　　答え 60 こ

　❸ 60＋6＝66、66＋6＝72
　　〔60＋6＋6＝72〕
　　　　　　　　　　答え 72 こ

25

51・52ページ

1 （じゅんに）

　● m

　❷ m、cm

　❸ 130、30

　❹ 120、70

2 1m＝100cm
　 100cm−84cm＝16cm
　　　　　　　　　　答え 16cm

3 5m40cm＋2m10cm
　 ＝7m50cm　　　答え 7m50cm

てびき 長さの計算をするときは、同
じ単位の数どうしで計算します。

2 1mを100cmと書きかえて単
位を揃えてから計算します。

3 5mと2m、40cmと10cmを
それぞれ計算します。

★ ★ ★

1 1m30cm−1m＝30cm
　　　　　　　　　　答え 30cm

2 ● 75cm＋80cm＝155cm
　　　　答え 155cm、1m55cm

　❷ 1m55cm−1m＝55cm
　　　　　　　　　　答え 55cm

3 4m80cm−2m50cm
　 ＝2m30cm　　　答え 2m30cm

1 ❶ 450
　❷ 1000
　❸ 206

2 ❶ 100
　❷ 400
　❸ 600
　❹ 100

3 500－300＝200
　　　　答え 200 円

4 300＋5＝305　答え 305 台

★　★　★

1 500＋700＝1200
　　　　答え 1200 まい

2 1000－800＝200
　　　　答え 200 回

3 300＋50＝350　答え 350 円

4 209－9＝200
　　　　答え 200 まい

1 （図、じゅんに）8、24
　（しき、答え、じゅんに）
　8、＋、24、32、32

2 43－16＝27　　答え 27 台

3 64－48＝16　答え 16 ページ

★　★　★

1 26＋37＝63　　答え 63 こ

2 56－36＝20　　答え 20 まい

3 41－18＝23　　答え 23 人

1 （じゅんに）
　59、－、6、53、53

2 38＋8＝46
　　　　答え 46 まい

3 35＋13＝48
　　　　答え 48 こ

4 45－16＝29
　　　　答え 29 まい

てびき **1**・**3** 「『多く』だからたし算」「『少ない』だからひき算」と考えがちですが、そうでない場合もあります。
　1のような簡単な図をかいて考えてみましょう。

★　★　★

1 42＋26＝68　　答え 68 オ

2 37－13＝24　　答え 24 こ

3 72＋14＝86　　答え 86 こ

4 85－18＝67　　答え 67 点

1 ❶ 80 円
　❷ 60 円
　❸ 50 円

2 6×4＝24、24＋3＝27
　　　　答え 27 こ

3 1L＝10dL
　10dL－3dL＝7dL　答え 7dL

4 8×7＝56、60－56＝4
　　　　答え 4 人

1 ❶ 60
　 ❷ 38
　 ❸ 96

2 $4×7=28$、$6×5=30$
　 $30−28=2$
　　答え　るなさんが　2ページ
　　　　　多く　読んだ。

3 $76−27+36=85$
　　　　　　　　答え　85人

4 $5×9=45$
　　　　　　　　答え　45cm

てびき **1** 筆算で計算しましょう。
筆算をするときは、位を揃えて書
き、くり上がりやくり下がりに注意
しましょう。

❶ 　52
　 $+\ 8$
　 　60

❷ 　25
　 $+13$
　 　38

❸ 　100
　 $−\ \ 4$
　 　96

3 3つの数の計算です。
まず、$76−27$の計算をし、その
答えに36をたします。

　76
$−27$
　49

　49
$+36$
　85

1 $7×8=56$
　　　　　　　　答え　56人

2 $130−60=70$
　　　　　　　　答え　70

3 $77+23=100$
　　　　　　　　答え　100こ

4 $5×6=30$、$3×6=18$
　 $30+18=48$
　　　　　　　　答え　48円

5 $4m50cm−1m30cm$
　 $=3m20cm$
　　　　　　　　答え　3m20cm

てびき **3** 　77
　　 $+23$
　　 　100

5 長さの計算をするときは、同じ単
位の数どうしで計算します。
　4mと1m、50cmと30cmを
それぞれ計算します。

1 ひろと　76円
　 こうた　52円

2 $2×6$、$3×4$、$4×3$、$6×2$

3 $4×4=16$
　　　　　　　　答え　16m

4 $62−52=10$
　　　　　　　　答え　10ページ

てびき **1** ひろとさんの残りのお
金は
$150−74=76$　だから76円で
す。
　こうたさんの残りのお金は
$150−98=52$　だから52円で
す。